住房城乡建设部土建类学科专业 "十三五" 规划教材

楼宇智能化技术任务驱动式教程

曾 敏 虞顺卿 主编

中国建筑工业出版社

图书在版编目（CIP）数据

楼宇智能化技术任务驱动式教程/曾敏，虞顺卿主编.—北京：中国建筑工业出版社，2020.10（2021.11重印）
住房城乡建设部土建类学科专业"十三五"规划教材
ISBN 978-7-112-25503-0

Ⅰ.①楼… Ⅱ.①曾…②虞… Ⅲ.①智能化建筑-楼宇自动化-高等学校-教材 Ⅳ.①TU855

中国版本图书馆 CIP 数据核字（2020）第 184675 号

本书分为 8 个项目，包括："出入口控制系统操作与实训""访客对讲系统操作与实训""小区布防巡更系统操作与实训""视频监控系统操作与实训""火灾自动报警及消防联动系统操作与实训""综合布线及计算机网络系统操作与实训""会议广播多媒体系统操作与实训"和"建筑设备自动化系统操作与实训"，共 42 个任务，每个任务的知识点和技能点不多于 5 个（允许重复）。本书涵盖了新的《国家职业技能标准——智能楼宇管理员》中"智能楼宇管理员"中级工（四级）、高级工（三级）和技师（二级）三个等级的内容。教材的编写以实际职业岗位的工作内容为基点，并将其分解优化为实训任务。

本书可供中职楼宇智能化技术专业的师生以及"智能楼宇管理员"中级工（四级）、高级工（三级）和技师（二级）三个等级的岗位培训时使用。

责任编辑：张　健
文字编辑：胡欣蕊
责任校对：李美娜

住房城乡建设部土建类学科专业"十三五"规划教材
楼宇智能化技术任务驱动式教程
曾　敏　虞顺卿　主编
*
中国建筑工业出版社出版、发行（北京海淀三里河路 9 号）
各地新华书店、建筑书店经销
北京科地亚盟排版公司制版
北京京华铭诚工贸有限公司印刷
*
开本：787 毫米×1092 毫米　1/16　印张：13¾　字数：307 千字
2021 年 3 月第一版　　2021 年 11 月第二次印刷
定价：**58.00 元**（赠课件）（含数字资源）
ISBN 978-7-112-25503-0
　　（36514）

前言 ◆◆◆
Preface

职业教育以就业为导向，其主要任务是培养生产、管理和服务一线的技能型人才。技能的习得需要在实践的过程中完成。因此，职业教育的课程设计和教材开发，需要以构建"工作过程完整"的框架为基础，按照"工作过程"来序化知识与技能，即以工作过程为参照系，将陈述性理论知识与过程性实践技能整合，为学生创建一个真实互动的情景性学习环境。项目任务式教材很好地体现了"理实一体"这一职业教育的显著特点，它将职业岗位的主要工作领域和内容提炼成项目和任务，把学科所包含的知识根据需要有目的地分解、分配给一个个项目和任务，理论完全为实践服务。

"楼宇智能化技术"课程是"楼宇智能设备安装与运行专业"和"建筑智能化工程技术专业"，以及其他房地产相关专业的一门专业核心课，也是"智能楼宇管理员"国家职业技能鉴定的核心内容，在专业培养目标的达成中起着非常重要的作用。

随着新的《国家职业技能标准——智能楼宇管理员》GZB 4-07-05-03 的颁布，智能楼宇管理从业人员的职业活动得到了更加细致的规范。该标准以"职业活动为导向、职业技能为核心"为指导思想，将智能楼宇管理员划分为四级（中级工）、三级（高级工）、二级（技师）和一级（高级技师）四个等级，并对各等级从业者的技能水平和知识水平进行了规定。新的职业技能标准的出台，需要新的教材与之相适应，才能使标准的要求得到实施和落地。

基于以上两点，我们首先以新"智能楼宇管理员国家职业技能标准"为依据，通过"产教融合、校企合作"方式，以行业内的主流设备为载体，开发出了智能楼宇管理员实训工作台。该实训工作台涵盖了"新职业技能标准"中"智能楼宇管理员"中级工（四级）、高级工（三级）和技师（二级）三个等级的考点内容。其次结合上海市职业教育"楼宇智能设备安装与运行专业"和"建筑智能化工程技术专业"的"《楼宇智能化技术》课程标准"，在原校本教材"智能楼宇技术"的基础上，参照"新职业技能标准"，对专业知识和技能要求进行了重新修订划分，编写了这本项目任务式教材。

本书内容包含 8 个项目，共 42 个任务。每个任务主要按"任务描述""学习准备""任务实施""总结评价"和"技能训练"5 个栏目编写。在项目结束时，通过"设计一个应用系统"任务对本项目的知识和技能进行总结提升。本书既能满足"楼宇智能设备安装与运行专业"和"建筑智能化工程技术专业"学历教育中"楼宇智能化技术"课程的需要，还能作为"智能楼宇管理员"职业技能鉴定的培训参考书。

本书由曾敏和虞顺卿主编，参与本书编写的还有孙怀海、付振冬和葛建平。上海市教育委员会教研室谭移民和袁笑老师对本书编写提供了宝贵的指导建议。本书是上海市教委2019 年立项教材，住房城乡建设部土建类学科专业"十三五"规划教材。

由于编者水平有限，书中错误和不妥之处在所难免，恳请广大读者批评指正。

目录 ◆◆◆
Contents

项目 一
出入口控制系统操作与实训

出入口控制系统（Access Control System）又称门禁系统，是一种控制人员进出的智能化管理系统，就是管理什么人什么时间可以进出哪些门，并提供可事后查询的报表等。

出入口控制系统是一种新型现代化安全管理系统，它集自动识别技术和现代安全管理措施于一体，涉及电子、机械、光学、计算机、通信和生物等诸多新技术，是在出入口实现安全防范管理的有效措施，适用于多种位置，如银行、机房、军械库、机要室，以及办公室、智能化小区、工厂和宾馆等。

在数字技术和网络技术飞速发展的今天，门禁技术得到了迅猛的发展。它早已超越了单纯的门道及钥匙管理，已经逐渐发展成为一套完整的出入管理系统。常见的门禁系统有：密码门禁系统，非接触卡门禁系统，指纹、虹膜、掌型生物识别门禁系统及人脸识别门禁考勤系统等，在工作环境安全、人事考勤管理等行政管理工作中发挥着巨大的作用。如果在该系统的基础上，再增加相应的其他辅助设备，还可以进行电梯控制、车辆进出控制、物业消防监控、保安巡检管理和餐饮收费管理等，真正实现区域内一卡智能管理，如图 1-1-0 所示。

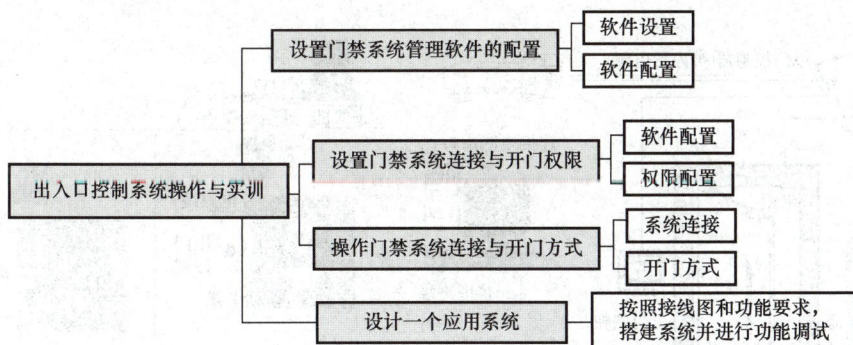

图 1-1-0 项目一任务导引图

任务一　设置门禁系统管理软件的配置

一、任务描述

本任务要求完成门禁系统管理软件的配置。该任务用到的器件有双门门禁控制器、读卡器和计算机等设备。智能楼宇管理员通过对门禁控制器的配置，可实施对门禁系统的管理。

学习目标：

1. 掌握门禁管理软件的配置方法；
2. 完成门禁控制器与门禁读卡器的接线。

二、学习准备

你知道吗？

国家标准《出入口控制系统技术要求》GB/T 37078—2018 规定了出入口控制系统的技术要求和检验方法，是设计、制造、检验出入口控制系统的基本依据。作为一名未来的智能楼宇管理员，你应该通过互联网查阅一下此标准，以了解更多的相关知识。

门禁系统又称出入管理控制系统，是一种管理人员进出的智能化管理系统。其控制原理是：首先按照人的活动范围，预先制作出各层次的卡片或预设密码，并在相关大门出入口、电梯门、档案室门等处安装识别设备，由识别设备接收欲进入人员的卡片或密码信息，经解码后传送给控制器判断，如果符合，门锁开启，相关人员方可通过或进入。

门禁系统是由门禁控制器、门禁读卡器、电插锁、门磁和门禁管理软件等组成，其核心为门禁控制器和门禁读卡头。图 1-1-1 为门禁管理系统示意图。

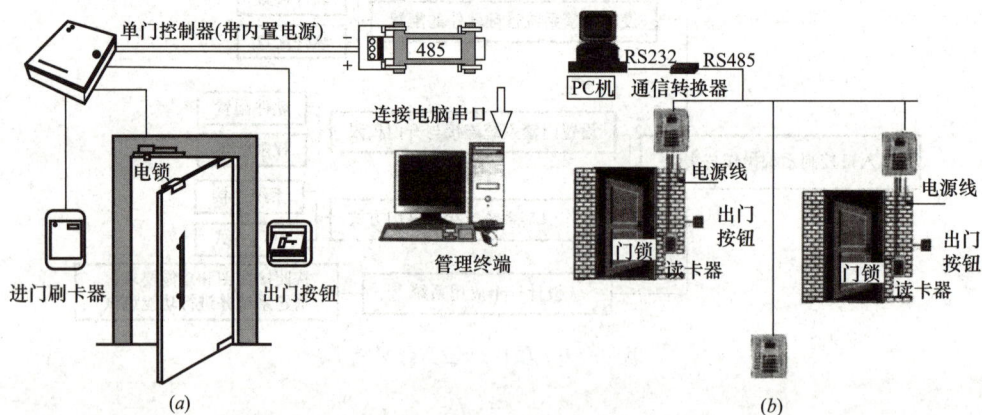

图 1-1-1　门禁管理系统示意图

1. 门禁控制器

门禁控制器的种类有很多。按照每台控制器控制的门的数量可以分为：单门控制器、双门控制器、四门控制器及多门控制器；根据使用技术可分为 8 位单板机型的控制器和基于 32 位技术的门禁控制器；根据通信协议又可分为：485 通信、422 通信、双路 485 通信、485 转 IP 通信、TCP/IP 通信的控制器。

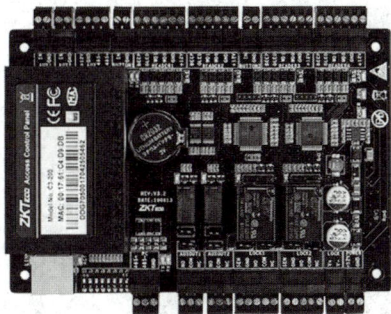

图 1-1-2 所示为中控智慧 C3 系列双门门禁控制器。C3 系列门禁控制器是目前广泛使用一种门禁控制器，它专门为联网型门禁应用而设计。该控制器可以通过 TCP/IP 和 RS485 通信协议与主机电脑连接，通过它可以将输入设备、输出设备和读卡器连接起来，组成一个完整的控制系统。

图 1-1-2　C3 系列双门门禁
控制器外观图

C3 系列门禁控制器的核心硬件采用 32 位 400MHz 高速 CPU，配合 32MBits RAM、256MBits Flash 和嵌入式 Linux 操作系统。该系统利用其强大的以太网功能与主机通信，而 RS485 则作为系统的辅助通信方式，双通信方式的设计保证了系统的可靠运行。除此之外，它的辅助 RS485 通信接口，还可以连接输入输出扩展板子和 RS485 读卡器等。

C3 系列门禁控制器的电路规划、元件布置、线路安排都具有其独特新颖的设计方式，其抗雷击、抗静电、电源短路保护等方面的可靠性是同类产品无法比拟的，其主要特点如下：

（1）强大的联动功能，支持硬件触发及事件触发。如门状态、卡状态、输入输出点和卡号的组合联动。

（2）插入式 SD 卡，双重数据备份。如遇系统故障，可恢复持卡人及事件记录。

（3）支持多人多组刷卡。如 1 个经理和 3 个值班员同时刷卡才允许进入。

（4）支持首卡常开功能。在设置的时间段内，第一张刷卡后，可保持门常开。

（5）支持 APB（防尾随）功能。支持双向与跨门点的区域 APB。

（6）支持四门任意组合的互锁功能。任何时候仅能打开一个门。

（7）采用真正的以太网技术，具有自有的 MAC 地址，永不冲突。

（8）采用 B/S 架构软件，无需安装客户端，操作更简单。

（9）采用高速 32 位 400MHz 高速 CPU，配合 32MBits RAM，256MBits Flash。

（10）嵌入式 Linux 操作系统。

（11）控制二门的双向进出。

（12）支持最多 30000 个持卡人及 100000 条脱机事件记录。

（13）可灵活设置多个时间组、门状态、节假日和不同用户的各种开门权限。

（14）支持多种 Weigand 卡格式，支持密码键盘，兼容各种卡片。

2. 门禁读卡器

门禁读卡器是门禁系统信号输入的关键设备，关系着整个门禁系统的稳定性。读卡器

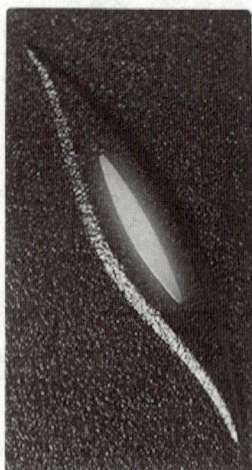

图 1-1-3 门禁
读卡器外观图

以固定频率向外发出电磁波，频率一般是 13.56MHz。当感应卡
进入读卡器电磁波辐射范围内时，其卡上的线圈会被触发，产生
电流，进而触发感应卡上的天线，向读卡器发射一个电平信号；
该信号带有卡片信息，读卡器将电平信号转换成数字序号，传送
给就地控制器，就地控制器再将信息上传给上层控制器，最终上
传给门禁服务器；门禁服务器将卡号与数据库内的信息进行比
对，从而得到卡片的全部信息。图 1-1-3 所示为门禁读卡器外观
图，在每一台读卡器的背面都有独一无二的 ID 流水编号（即 S/
N 号）。

3. 卡片

卡片相当于钥匙的角色，同时也是进出人员的证明。图 1-1-4
所示为 3 类非接触式卡片。

图 1-1-4 各类非接触式卡

4. 设备的线路连接

图 1-1-5 是门禁控制器的接线图，按图连
接线路后，即可设置门禁系统的参数。

三、任务实施

张师傅是负责某小区出入口控制系统部署
任务的一名智能楼宇管理员，他在该项目的第
一个任务是设置小区内各楼栋门禁管理软件的
配置参数。张师傅首先了解到本小区部署的是
型号为中控智慧 C3-200 双门门禁控制器，通

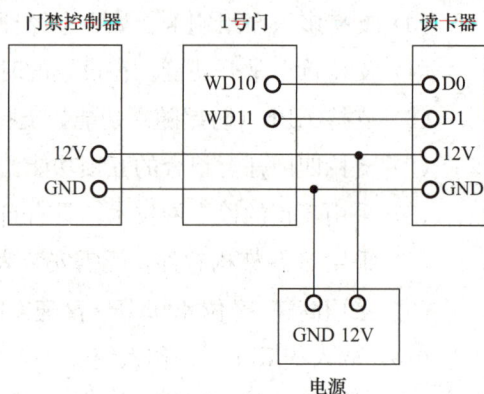

图 1-1-5 门禁管理系统接线图

过认真阅读该双门门禁控制器的使用说明书，张师傅提炼出了完成本任务的主要工作步
骤。接下来，就让我们同张师傅一起，走进该小区的每栋单元，去设置门禁系统管理软件
的配置参数。

步骤 1：按图 1-1-5 门禁管理系统接线图的要求，用 3 号导线将门禁控制器和读卡器 1

连接起来。

步骤2：打开电源开关。

步骤3：设置门禁控制器参数。

门禁控制器的设置需要对部门和人事参数进行设置，其中软件参数的设置步骤见表1-1-1。

> 小贴示：门禁控制器初始IP段为"192.168.1.×××"。要添加门禁控制器，电脑IP地址必须与门禁控制器IP地址在同一个网段。一般按以下参数设置电脑IP地址：
>
> 进入计算机"网络和共享中心"，设置本地IP地址为：192.168.1.100，默认网关为：192.168.1.1。

> **注意事项**：1. 登录系统选择以管理员身份运行。
> 2. 登录界面用户名和密码都是admin。

软件参数设置步骤 表1-1-1

步骤	图示
第一步·登录门禁管理系统。右击计算机桌面"ZKAccess3.5门禁管理系统"图标，选择"以管理员身份运行"将弹出系统登录界面。输入用户名：admin，密码：admin	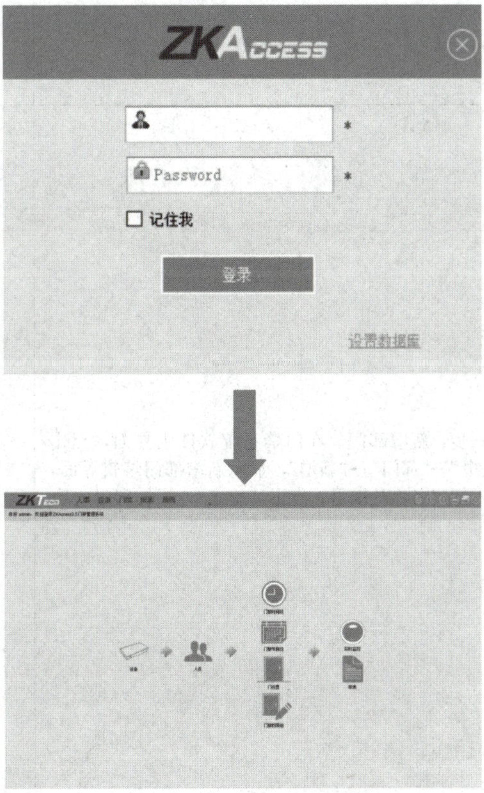

步骤	图示
第二步：添加门禁控制器。在门禁系统软件主界面，点击"设备"→"搜索门禁控制器"，显示搜索界面，点击"开始搜索"，提示"搜索中，请等待……"，搜索结束后，显示门禁控制器列表，点击"添加设备"，显示设备基础参数界面，点击"确定"，添加设备成功	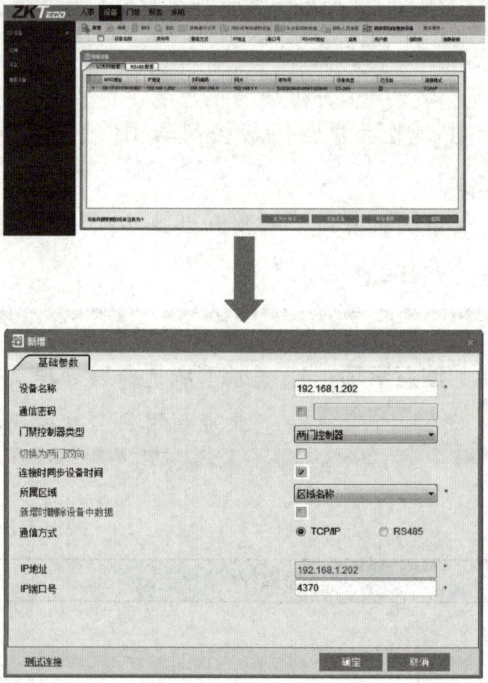
第三步：新增部门。在门禁系统软件主界面，点击"人事"→"部门"→"新增"，显示新增部门编辑界面，输入部门名称及编号，点击"确定"，添加部门成功	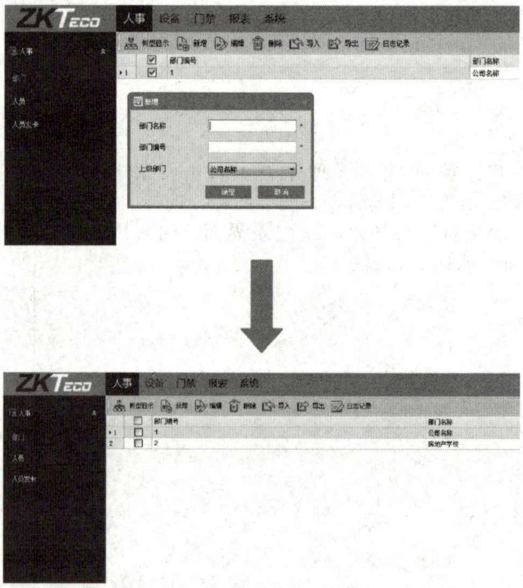

续表

步骤	图示
第四步：新增人员。在门禁系统软件主界面，点击"人事"→"人员"→"新增"，显示新增人员编辑界面，输入人员编号名称及部门名称，在"卡号"栏点击右侧刷卡图标，跳出选择门选项，选择192.168.1.202-1，点击"确定"，门禁控制器开始读卡，在1号门读卡器刷卡跳出卡号，点击"确定"，添加成员成功	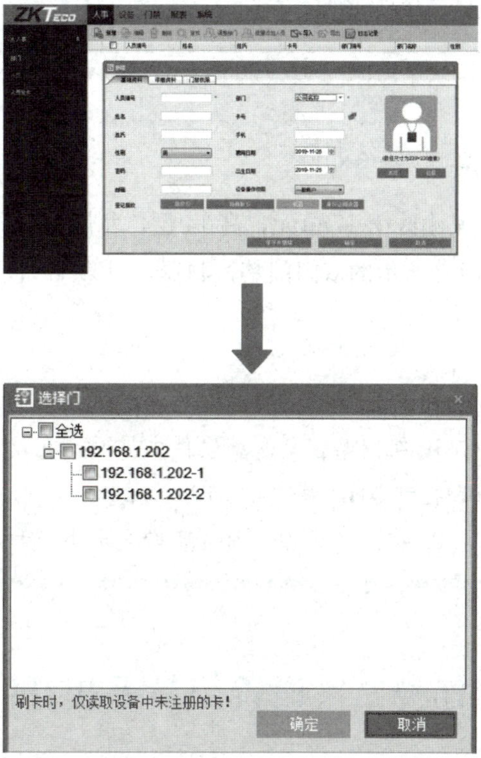

四、总结评价

1. 主题讨论

（1）在本任务实施过程中，门禁控制器 IP 地址可以修改吗？在哪里修改？

（2）在添加卡号过程中，卡号读不出来，该怎么办？

2. 填写评价表

根据门禁管理软件设置的完成情况，填写评价表 1-1-2。先在所在小组内完成自评和互评，各组再选派一名同学演示，请教师给小组评分。

设置可视分机房号和户数参数实训评价表　　　　　　表 1-1-2

评价项目	配分	自评	组内互评	教师评分	总评
添加双门门禁控制器成功	30				
门禁管理系统参数配置正确	30				
工作态度	10				
安全文明操作	20				

评价项目	配分	自评	组内互评	教师评分	总评
整理场地	10				
合计					

注：总评＝自评×50％＋组内互评×30％＋教师评价×20％。

五、技能训练

某小区第 17 单元，高 14 层，每层有 3 户人家。请你作为一名智能楼宇管理员，通过图 1-1-2 所示的双门门禁控制器，对第 17 单元楼进行门禁管理软件参数的设置。

六、实训拓展

1. 在门禁控制系统软件主界面，在设备选项，选择更多操作，点击修改 IP 地址，修改控制器 IP 为：192.168.1.203。

2. 在人员添加界面，新增人员小李和小张，给每个人注册一张卡号。

任务二　设置门禁系统开门权限

一、任务描述

本任务要求完成门禁系统开门权限的配置。该任务用到的器件有双门门禁控制器、读卡器、电插锁和计算机等设备。智能楼宇管理员通过对门禁控制器的配置，可设置开门权限。

学习目标：

1. 掌握门禁管理软件的配置方法；

2. 完成门禁控制器与门禁读卡器的接线。

二、学习准备

门禁系统按照门禁时间段的设置控制门禁。所谓门禁时间段是指用户在指定时间段访问指定门。门禁系统通过设置门禁时间段来设置门禁权限（含门禁权限组和首卡常开设置）。

整个门禁系统最多可以定义 255 个时间段。每个时间段内可定义一周内，以及三个假日类型的每天最多三个时间区间，每个区间为每天 24 个小时内的有效时间段。时间段的每个时间区间格式为：hh：mm～hh：mm，即按照 24 小时制精确到分钟。系统初始默认生成一个名称为"24 小时通行"的门禁时间段，此时间段可以修改，但不可删除。用户可以根据实际需要，新增门禁时间段，新增的门禁时间段可以被修改或删除。

本任务要用到的器件：门禁控制器和读卡器，已在任务一中做了介绍。下面介绍电插锁。

1. 电插锁

电插锁如图 1-2-1 所示。电插锁是一种电子控制锁具。它通过电流的通断驱动"锁舌"

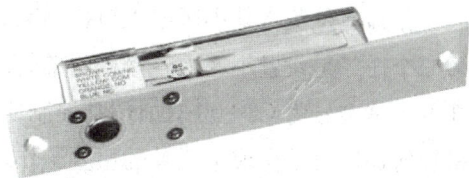

图 1-2-1　电插锁外观图

的伸出或缩回，以达到锁门或开门的功能。当然，关门开门功能的实现，还需要与"磁片"配合才能实现。

通常电插锁由锁体和锁孔两个主要部分组成。锁体中的关键部件为"锁舌"，与"锁孔"配合可实现"关门"和"开门"两个状态。即锁舌插入锁孔实现关门，锁舌离开锁孔为开门。正因为锁舌的可伸缩功能，才被冠以"电插锁"的名称。

电插锁分为通电开锁和断电开锁两种，前者通电时的状态是锁舌在里面即开门状态，后者反之。不过一般情况下，消防有要求时用断电开门，以保证火灾发生时门可以自动打开。

电插锁的性能指标有：

(1) 安全类型：断电自动开锁。

(2) 工作电压：12VDC＋10％范围。

(3) 启动电流：900mA（启动瞬间）。

(4) 工作电流：100mA（完全上锁）。

(5) 门缝磁感距离：8mm。

(6) 使用环境温度：－10～＋55℃。

(7) 使用环境湿度：0％～90％相对湿度。

2. 设备的线路连接

图 1-2-2 是门禁系统的接线图，按图连接线路后，即可设置门禁系统的开门权限参数。

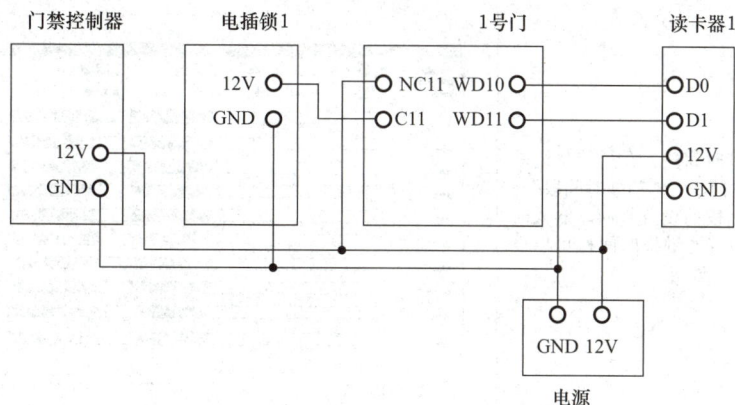

图 1-2-2　门禁权限系统接线图

三、任务实施

张师傅是负责某小区出入口控制系统部署任务的一名智能楼宇管理员，他在该项目的第二个任务是设置小区内各楼栋门禁管理软件的门禁权限参数。张师傅首先了解到本小区部署的是型号为 C3-200 双门门禁控制器，通过认真阅读该双门门禁控制器的使用说明书，张师傅提炼出了完成本任务的主要工作步骤。接下来，就让我们同张师傅一起，走进该小区的每栋单元，去设置门禁管理软件的门禁权限参数。

步骤 1：按图 1-2-2 门禁管理权限系统接线图的要求，用 3 号导线将门禁控制器、电插锁、读卡器 1 连接起来。

步骤 2：打开电源开关。

步骤 3：设置门禁控制器参数。

门禁控制器的设置需要门禁权限和门禁时间段进行设置，其中软件参数的设置步骤见表 1-2-1。

> 小贴示：门禁时间段的设置默认为空，即默认为常闭；若时间段为常开，按住鼠标左键拖整个事件框，页面下方将显示开始时间为 00：00，结束时间为 23：59；每天最多可以设置三个时间段，按住鼠标左键拖三个时间框，页面下方显示开始时间和结束时间。时间段的设置完成后，点击"确定"保存，时间段名称将显示在列表中。

> 注意事项：1. 时间段的设定为 24 小时制。
> 2. 系统默认的时间段为 24 小时通行。

门禁权限参数设置步骤   表 1-2-1

步骤	图示
第一步：设置门禁时间段。在门禁系统软件主界面，点击"门禁"→"门禁时间段"→"新增"，进入时间段的设置界面，输入时间段名称，按住鼠标左键拖时间栏可以设定门禁时间，点击"确定"	

续表

步骤	图示
第二步：设置门禁权限组。在门禁系统软件主界面，点击"门禁"→"门禁权限组"→"新增"，进入新增门禁权限组编辑界面，输入权限组名称，在备选门、备选人员前打√，点击》，将备选门和备选人员添加到已选门和已选人员，点击"确定"	
第三步：同步数据。在门禁系统软件主界面，点击"设备"→"同步所有数据到设备"→"同步"开始同步数据到设备，同步数据成功	
第四步：刷卡开门。在门禁系统软件主界面，点击"门禁"→"实时监控"，在读卡器上刷已注册卡片，会在监控界面跳出门的状态和实时事件	

四、总结评价

1. 主题讨论

（1）在本任务实施过程中，同步所有数据到设备，有什么作用？如没有同步，结果会如何？

（2）在门禁系统软件设置中，如何设置远程开门和远程关门？

2. 填写评价表

根据门禁管理软件设置的完成情况，填写评价表 1-2-2。先在所在小组内完成自评和互评，各组再选派一名同学演示，请教师给小组评分。

设置门禁系统开门权限参数实训评价表   表 1-2-2

评价项目	配分	自评	组内互评	教师评分	总评
门禁权限参数配置正确	30				
刷卡开门成功	30				
工作态度	10				
安全文明操作	20				
整理场地	10				
合计					

注：总评＝自评×50％＋组内互评×30％＋教师评价×20％。

五、技能训练

某小区第 17 单元，高 14 层，每层有 3 户。请你作为一名智能楼宇管理员，通过图 1-1-2 所示的双门门禁控制器，对第 17 单元楼，进行门禁管理软件中门禁权限参数的设置。

任务三　操作门禁系统的连接和开门方式

一、任务描述

本任务要求完成门禁系统开门方式的配置。该任务用到的器件有双门门禁控制器、读卡头、电插锁、开门按钮等设备。智能楼宇管理员通过配置门禁系统的开门方式，可实现刷卡开门或按钮开门。

学习目标：

1. 掌握门禁管理软件的配置方法；
2. 完成门禁控制器与门禁读卡器的接线。

二、学习准备

本任务要用到的器件设备，除增加一个开门按钮外，其他器件与任务二基本相同。下面简单介绍开门按钮。

1. 开门按钮

开门按钮多用于安防、门禁等弱电系统中。开门按钮一般为常开状态，特殊场合也可是常闭状态。其工作原理是：在按下的一瞬间给出一个两芯干结点信号，同时在弹簧的作用下返回常态位置，一般情况下，多安装在门内。如图 1-3-1 所示，其材质以塑料居多，也有金属和拉丝工艺的。由于其原理简单，价格便宜，使用非常广泛。

2. 设备的线路连接

图 1-3-2 是门禁系统开门方式的接线图，按图连接线路后，即可设置门禁系统的参数和选择开门方式。

三、任务实施

张师傅是负责某小区出入口控制系统部署任务的一名智能楼宇管理员，他的第三个任务是设置小区内各楼栋门

图 1-3-1　开门按钮

禁管理软件的门禁权限参数。张师傅首先了解到本小区部署的是型号为 C3-200 双门门禁控制器，通过认真阅读该双门门禁控制器的使用说明书，张师傅提炼出了完成本任务的主要工作步骤。接下来，就让我们同张师傅一起，走进该小区的每栋单元，去配置门禁系统的开门方式。

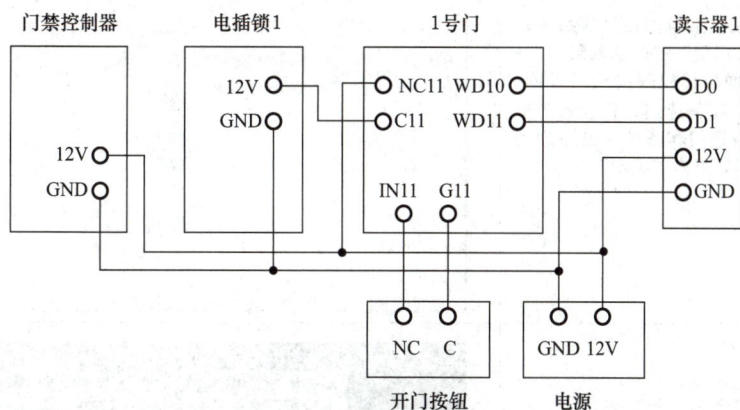

图 1-3-2　门禁管理系统接线图

步骤 1：按图 1-3-2 门禁管理权限系统接线图的要求，用 3 号导线将门禁控制器、电插锁、读卡器 1、开门按钮连接起来。

步骤 2：打开电源开关。

步骤 3：设置门禁控制器参数。

门禁控制器的设置需要门禁权限和门禁时间段进行设置，其中软件参数的设置步骤见表 1-3-1。

> 小贴示：门禁时间段的设置默认为空，即默认为常闭；若时间段为常开，按住鼠标左键拖满整个事件框，页面下方将显示开始时间为 00：00，结束时间为 23：59；每天最多可以设置三个时间段，按住鼠标左键拖三个时间框，页面下方显示开始时间和结束时间。时间段的设置完成后，点击"确定"保存，时间段名称将显示在列表中。

门禁权限参数设置步骤   表 1-3-1

步骤	图示
第一步：设置门禁时间段。在门禁系统软件主界面，点击"门禁"→"门禁时间段器"→"新增"，进入时间段的设置界面，输入时间段名称，按住鼠标左键拖时间栏可以设定门禁时间，点击"确定"	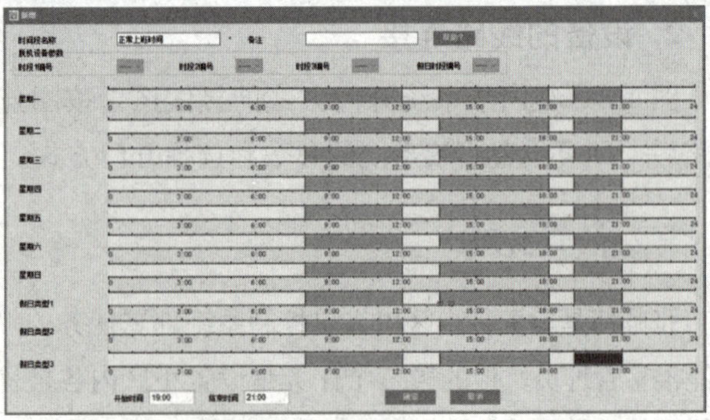
第二步：设置门禁权限组。在门禁系统软件主界面，点击"门禁"→"门禁权限组"→"新增"，进入新增门禁权限组编辑界面，输入权限组名称，在备选门、备选人员前打√，点击》将备选门和备选人员添加到已选门和已选人员，点击"确定"	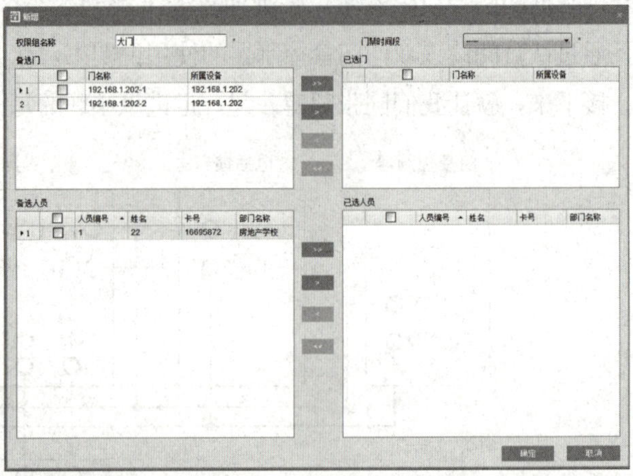
第三步：同步数据。在门禁系统软件主界面，点击"设备"→"同步所有数据到设备"→"同步"开始同步数据到设备，同步数据成功	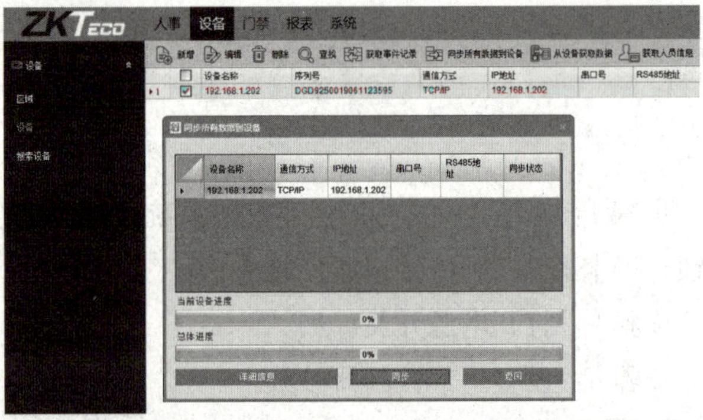
第四步：刷卡开门。在门禁系统软件主界面，点击"门禁"→"实时监控"，在读卡器上刷已注册卡片，会在监控界面跳出门的状态和实时事件	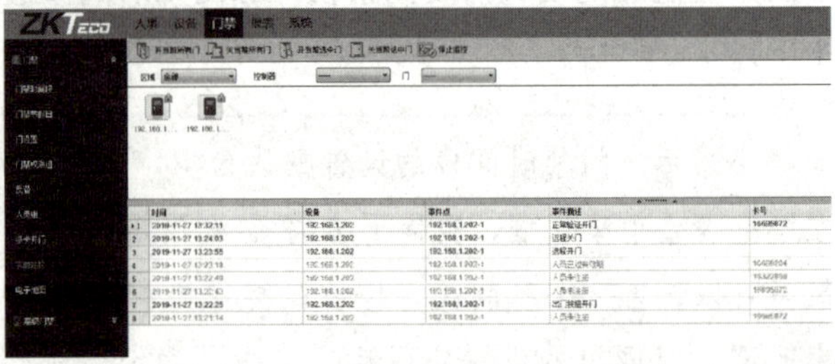
第五步：按钮开门。按下开门按钮再合上，电插锁打开	

四、总结评价

1. 主题讨论

（1）在本任务实施过程中，需要同步所有数据到设备，有什么作用？若没有同步结果会如何？

（2）在门禁系统软件设置中，怎样远程开门和远程关门？

2. 填写评价表

根据门禁管理软件设置的完成情况，填写评价表 1-3-2。先在所在小组内完成自评和互评，各组再选派一名同学演示，请教师给小组评分。

设置门禁系统开门权限参数实训评价表　　　　　　表 1-3-2

评价项目	配分	自评	组内互评	教师评分	总评
门禁权限参数配置正确	30				
开门按钮开门成功	30				
工作态度	10				
安全文明操作	20				
整理场地	10				
合计					

注：总评＝自评×50％＋组内互评×30％＋教师评价×20％。

五、技能训练

某小区第 17 单元，高 14 层，每层有 3 户人家。请你作为一名智能楼宇管理员，通过图 1-1-2 所示的双门门禁控制器，对 17 单元楼，进行门禁管理软件参数的设置，使其能通过多种方式开门。

任务四　设计一个应用系统

一、任务描述

在完成本项目所有实训课的基础上，请大家按实训指导老师提出的门禁系统设计要求，自己组建一个具有特定功能的门禁系统。

设计要求如下：

1. 出入口只有一个；

2. 门内需要配置开门按钮和门位检测开关；

3. 进入方式为：刷卡＋密码。

二、学习目标

1. 熟悉和了解整套门禁系统；
2. 培养自己的动手能力和创造力。

三、任务实施

1. 请填写本任务需要的实训设备和材料

（1）实训设备

序号	设备名称	型号	数量
1			
2			
3			
4			
5			
6			

（2）材料

序号	材料名称	规格	数量
1			
2			
3			
4			
5			
6			

2. 请画出系统接线图

3. 请按以下步骤，完成本实训任务。

（1）根据系统接线图接线。

（2）门禁系统软件配置。

（3）开一张空白的 IC 卡，并设置权限。

（4）功能演示。

访客对讲系统操作与实训

　　访客对讲系统是在楼宇建筑中起通话作用的一种设备，也称为可视门铃，英文名称：Video Door Phone。通俗地说，访客对讲就是指门铃系统。我们也常听到楼宇对讲、可视门铃、可视对讲和对讲门铃等几个名称，它们其实都是同一个意思，就是指一套包含软件、硬件及售后服务的人性化管理访客对讲系统。

　　访客对讲系统是一套现代化的楼宇服务设备，其通过提供访客与住户之间的双向可视通话，达到图像和语音的双重识别，在增加安全可靠性的前提下，可节省大量时间，提高工作效率。更重要的是，一旦住所内安装的门磁开关、红外报警探测器、烟雾探测器、瓦斯报警器等设备，连接到可视对讲系统的保全型室内机上以后，可视对讲系统就升级为一个安全技术防范网络，它可以与住宅小区物业管理中心或小区警卫进行有线或无线通信，从而起到防盗、防灾、防煤气泄漏等安全保护作用，为屋主的生命财产安全提供最大程度的保障。因此，访客对讲系统既可提高住宅的整体管理服务水平，又能创造社区的安全居住环境，目前已成为住宅小区不可缺少的配套设备。

　　本项目共包含 7 个工作任务，如图 2-1-0 所示。通过这 7 个工作任务的实施，学生可以

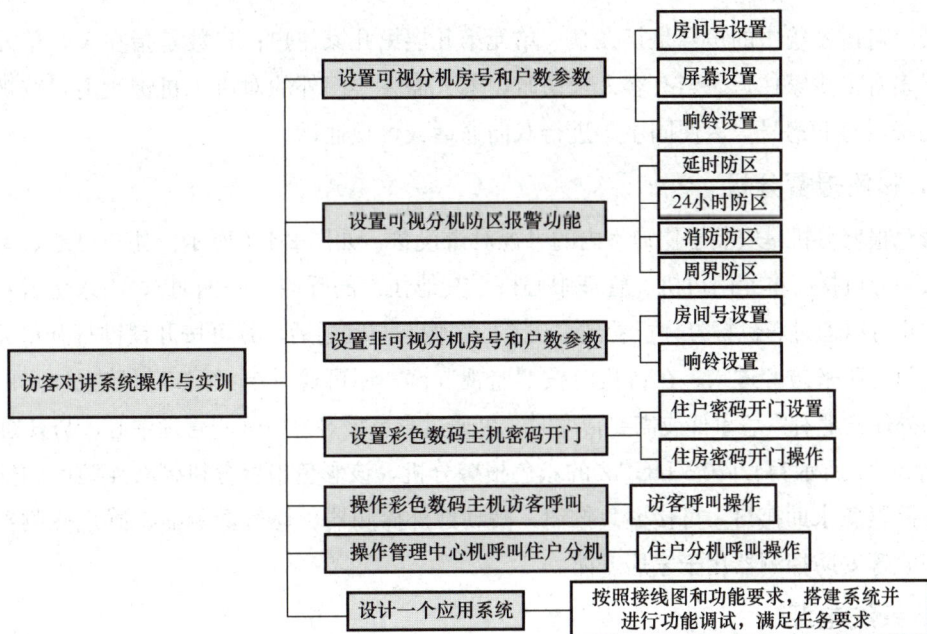

图 2-1-0　项目二任务导引图

掌握访客对讲系统的接线、分机设置、网络设置、安防设备、管理中心设计、软件操作和系统故障排除等技能。

任务一 设置可视分机房号和户数参数

一、任务描述

本任务要求完成某小区某单元某房屋内彩色报警分机的参数及楼层户数的设置。该任务用到的器件有彩色报警分机和系统电源。智能楼宇管理员通过彩色报警分机上的机械按键，可设置彩色报警分机房号和户数等参数。

学习目标：

掌握彩色报警分机房号和楼层房数等参数设置的方法。

二、学习准备

> 你知道吗？
>
> 行业标准《联网型可视对讲系统技术要求》GA/T 678—2007 规定了联网型可视对讲系统的技术要求和检验方法，是设计、制造、检验联网型可视对讲系统的基本依据。作为一名未来的智能楼宇管理员，你应该通过互联网查阅一下此标准，以了解更多的相关知识。

楼宇对讲系统中的房号是指在某一单元第几层第几家住户；户数是指在某一单元的某一层最多有多少家住户。当有客人来访时，客人需在楼门外的对讲主机键盘上，按被访问住户的楼层号和房号，以便同主人进行双向通话或可视通话。

1. 彩色报警分机

彩色报警分机是安装于住户室内的可视对讲设备，如图 2-1-1 所示。住户可通过室内的彩色报警分机接听单元门口机、管理中心机、其他住户的呼叫（联网时）；当来访者呼叫住户，住户可以通过彩色报警分机看到来访者的图像，与其通话，并可按开锁键打开单元门的电锁开门，让来访者进入。在待机时按"监视"键，还可通过单元门口机监视住户门口图像。另外住户遇有紧急事件或需要帮助时，可通过彩色报警分机呼叫管理中心，与其通话。

图 2-1-1 所示为 C170WHGA2 的彩色报警分机，该彩色报警分机带有 4 防区的安防接口和 1 路紧急求助接口，可接紧急按钮、被动红外探测器、燃气探测器、感烟探测器、门磁、窗磁等安防探测器用于家居安防。

2. 系统电源

系统电源（即 UPS 电源）如图 2-1-2 所示，是对访客对讲系统实施电源管理的设备，其功能主要是保持楼宇对讲系统不掉电。在正常情况下，系统电源处于充电状态；当市电停电，系统电源自动切换到备用电源供电，并使分机进入省电模式，保留电能供报警功能使用；当线路发生短路故障时，电源进入保护状态，停止电压输出；故障排除后，自动恢复正常供电。除此之外，系统电源还具有软件升级、可根据按键设置地址和系统电源是否具有通信中切换等功能。

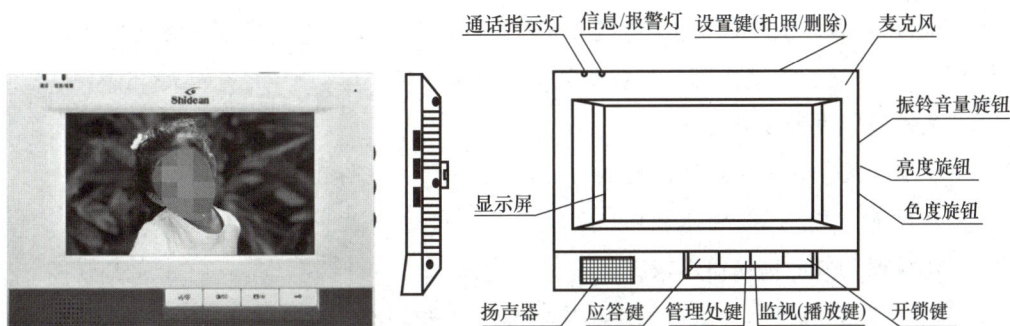

图 2-1-1　彩色报警分机外观及功能图

3. 设备的线路连接

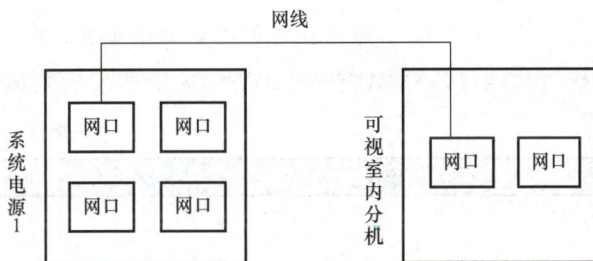

图 2-1-3 是彩色报警分机的接线图，按图连接线路后，即可设置彩色报警分机的房号、户数等参数。

图 2-1-2　系统电源外观图　　　　　图 2-1-3　彩色报警分机接线图

三、任务实施

张师傅是负责某小区访客对讲系统部署任务的一名智能楼宇管理员，他在本项目的第一个任务是设置小区内各楼栋可视分机房号和户数两个参数。张师傅首先了解到本小区部署的是型号为 C170WHGA2 彩色报警分机，通过认真阅读该彩色报警分机的使用说明书，张师傅提炼出了完成本任务的主要工作步骤。接下来，就让我们同张师傅一起，走进该小区的每一户住所，去设置其可视分机房号和户数。

步骤1：按图 2-1-3 彩色报警分机接线图的要求，用网线将彩色报警分机和系统电源 1

连接起来。

步骤2：打开电源开关。

步骤3：设置彩色报警分机。

彩色报警分机的设置需要分别针对分机房号和每层户数等参数进行设置，其中分机房号的设置步骤见表2-1-1，每层户数的设置步骤见表2-1-2。

小贴士：在静态下，长按"设置键"，进入用户设置状态。进入设置状态后，"设置键"当作"确认"键使用，长按此键退出设置状态。

"免提键"为千位数输入键；

"管理处键"为百位数输入键；

"监视键"为十位数输入键；

"开锁键"为个位数输入键。

数值以按键的次数计数，输入范围为0~9。当输入某一位数字时，不按则默认为0。如果按键的次数超过9次，则响三短声提示，这一位数值将自动清为0，可再重新输入这一位数。

例如分机房号为0202，则需要按"管理处键"两下，按"开锁键"两下，然后按"确认键"。

注意事项：1. 分机静态且撤防状态即待机状态，是指分机没有进入布防状态，且分机既无呼出也无呼入。

2. 房号后两位数不能大于每层户数。

分机房号设置步骤   表2-1-1

步骤	图示
第一步：进入安装设置主菜单。在分机静态且撤防状态下，长按"开锁键"，一长声后松手，输入6868＋"确认键"，进入安装设置主菜单	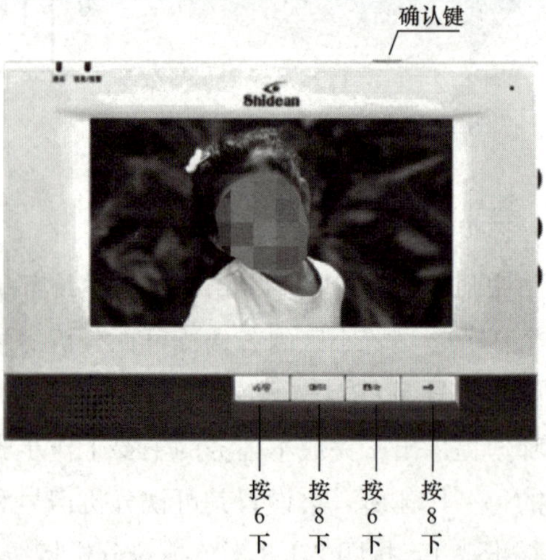

续表

步骤	图示
第二步：进入设置房号菜单。在安装设置主菜单下输入 11＋“确认键”，进入设置房号菜单	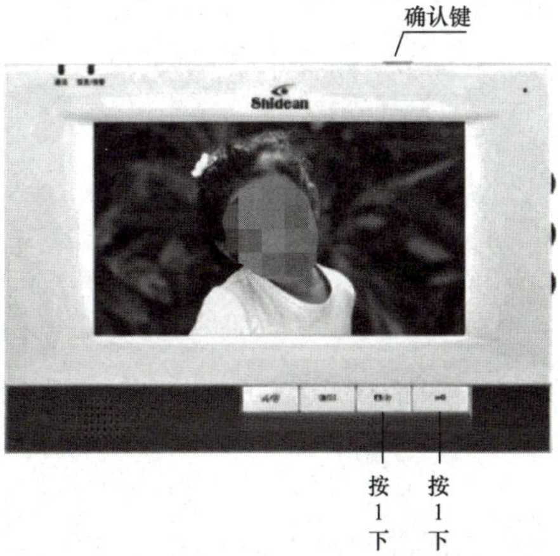确认键 Shidean 按1下 按1下
第三步：设置房号。输入四位房号，如 2 楼 2 号房则输入 0202，按“确认键”保存房号设置	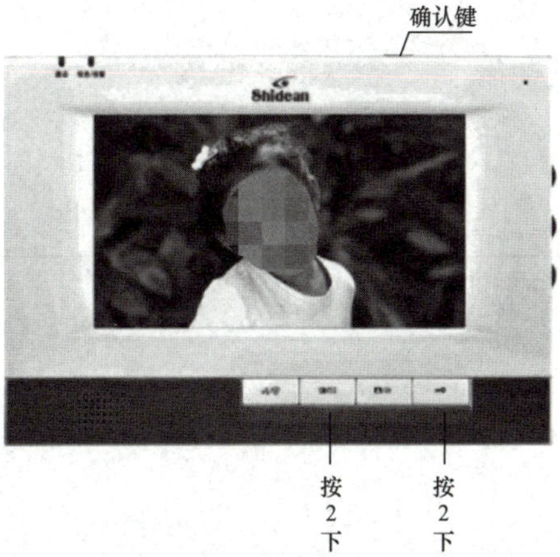确认键 Shidean 按2下 按2下
第四步：返回主菜单。返回到安装设置主菜单，若设置成功，有“嘀”的一声提示；设置错误，有三声“嘀”声提示	

每层户数设置步骤　　表 2-1-2

步骤	图示
第一步：进入安装设置主菜单。在分机静态且撤防状态下，长按“开锁键”，一长声后松手，输入 6868＋“确认键”，进入安装设置主菜单	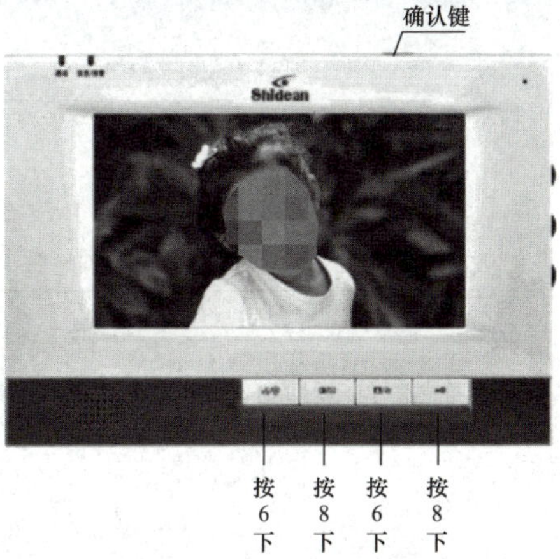确认键 Shidean 按6下 按8下 按6下 按8下

续表

步骤	图示
第二步：进入设置户数菜单。在安装设置主菜单下输入12＋"确认键"，进入设置户数菜单	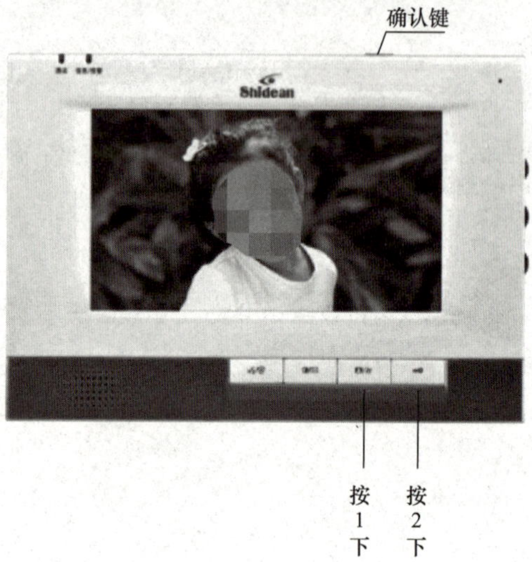 确认键　按1下　按2下
第三步：设置户数。输入楼层户数，如每层4户，则输入4，按"确认键"保存房号设置	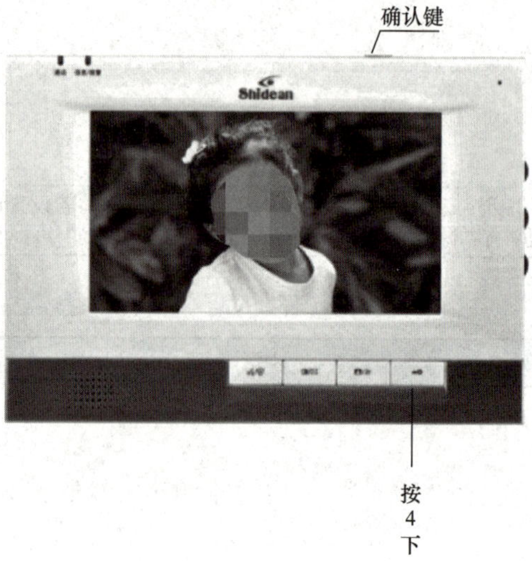 确认键　按4下
第四步：返回主菜单。返回到安装设置主菜单，若设置成功，有"嘀"的一声提示；设置错误，有三声"嘀"声提示	

小贴示：

静态且撤防状态下长按开锁键，
一长声后松手，输入6868+输入键

安装设置主菜单 → 设置房号
输入：11+确认 → 输入四位房号。
例：2楼2号房，则输入：0202 → 按确认键
（保存且返回上一级） → 备注
1）默认房号：0101；
2）房号后两位数不能大于房数

按确认键退到上一级

按其他键无效

设置户数
输入：12+确认 → 输入楼层户数，
例：每层4户，则输入：4 → 按确认键
（保存且返回上一级） → 备注
1）默认户数：4；
2）户数范围：1~99；
3）分机设置的户数与主机设置的户数必须一致才能正常呼通

按确认键退到上一级

按其他键无效

退出主菜单按确认键

按其他键无效

四、总结评价

1. 主题讨论

（1）在本任务实施过程中，"设置键"是很重要的一个按键。请指出"设置键"在彩色报警分机的什么位置？有什么作用？

（2）在设置房号过程中，如果不小心按错了号码，该怎么办？

2. 填写评价表

根据彩色分机设置的完成情况，填写评价表 2-1-3。先在所在小组内完成自评和互评，各组再选派一名同学演示，请教师给小组评分。

设置可视分机房号和户数参数实训评价表 表 2-1-3

评价项目	配分	自评	组内互评	教师评分	总评
设置彩色分机房号	30				
设置彩色分机户数	30				
工作态度	10				
安全文明操作	20				
整理场地	10				
合计					

注：总评＝自评×50％＋组内互评×30％＋教师评价×20％。

五、技能训练

某小区第 17 单元，高 14 层，每层有 3 户人家。请你作为一名智能楼宇管理员，通过

图 2-1-1 所示的彩色报警分机，对 5 楼 03 室，进行房号及户数的参数设置。

任务二　设置可视分机防区报警功能

一、任务描述

本任务要求完成彩色报警分机防区报警功能的设置。该任务用到的器件有彩色报警分机、系统电源和门磁开关。智能楼宇管理员通过彩色报警分机上的机械按键，可设置彩色报警分机防区报警参数。

学习目标：

1. 掌握彩色报警分机防区连线；

2. 掌握彩色报警分机防区报警参数设置。

二、学习准备

现在的楼宇室内对讲产品，不管是模拟系统，还是数字系统，一般都包含有防区报警功能。常见的报警系统的防区有出入防区、即时防区、内部防区和 24 小时防区等几类。

1. 防区介绍

（1）出入防区：也称延时防区。在布防后，系统会为出入防区提供一定时间的延时。外出延时时间结束后，触发延时防区系统报警。在进入时，触发延时防区，控制器会在进入延时时间里发出蜂鸣作为撤防系统的提示信号，必须在设定的延时时间内对系统撤防，否则会报警。此防区类型适用于布防在用户进/出口操作的必经之处。

（2）即时防区：在系统布防后被触发会立即报警，没有延时时间。

（3）内部防区：系统布防后，若先触发出入防区再触发内部防区，则内部防区也进入延时状态，不会立即报警，该防区的延时时间与出入防区一致。如果在出入防区未被触发前触发了内部防区，则系统会立即报警。此防区类型适用于布防在用户操作的必经之处，如安装在玄关、休息室或大厅内的探测器，能对在系统布防前躲藏在厅内或试图不经过出入防区到达厅内的入侵行为进行防范。

（4）周边防区：用于外部门或窗，防区被触发就立即发出报警。

（5）24 小时防区：不受布撤防影响，防区被触发立即报警。

2. 设备的线路连接

图 2-2-1 是彩色报警分机防区报警的接线图，按图连接线路后，即可设置彩色报警分机的防区报警参数。

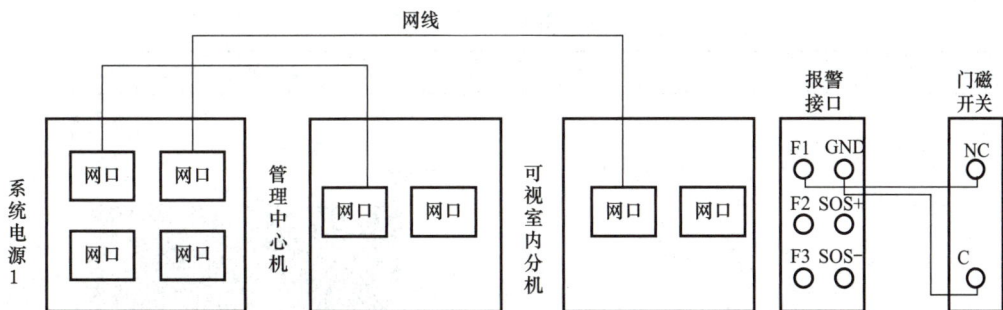

图 2-2-1 彩色报警分机防区报警接线图

三、任务实施

张师傅是负责某小区访客对讲系统部署任务的一名智能楼宇管理员，他在该项目的第二个任务是设置小区内各楼栋可视分机防区报警功能的参数。张师傅首先了解到本小区部署的是型号为 C170WHGA2 彩色报警分机，通过认真阅读该彩色报警分机的使用说明书，张师傅提炼出了完成本任务的主要工作步骤。接下来，就让我们同张师傅一起，走进该小区的每一户住所，去设置其可视分机防区报警功能参数。

步骤 1：按图 2-2-1 彩色报警分机防区报警接线图的要求，用网线将彩色报警分机和系统电源 1 连接起来，用网线将管理中心机和系统电源 1 连接起来，用 3 号导线将门磁开关接口和防区接口连接起来。

步骤 2：打开电源开关。

步骤 3：设置彩色报警分机。

彩色报警分机的设置需要对防区报警功能参数进行设置，防区报警功能参数的设置步骤见表 2-2-1。

小贴示：防区无法布防怎么办？

如果无法布防，请按照下列的描述操作：

1. 硬件部分设置：请按"图 2-2-1 彩色报警分机防区报警接线图"正确连接探头。

2. 软件部分设置：如果要设防，先要使用安装密码在安装设置中在防区安装探头，然后正确设置探头的常开和常闭类型。设置该探头是红外探头还是非红外探头，设置好探头的有关参数后，退出安装设置，输入用户密码进入布防操作。

注意：非红外探头在报警状态下是不能布防的。

注意事项：1. 防区探头类型默认为常开型。

2. 盗警防区为防区 1、防区 2，火警防区为防区 3、防区 4。

防区功能参数设置步骤   表 2-2-1

步骤	图示
第一步：进入安装设置主菜单。在分机静态且撤防状态下，长按"开锁键"，一长声后松手，输入 6868＋"确认键"，进入安装设置主菜单	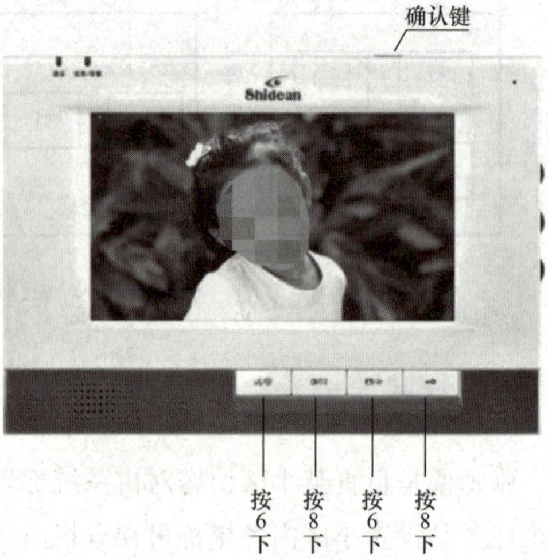 确认键 按6下　按8下　按6下　按8下
第二步：设置防区有无探头。输入 21，按"确认键"，进入设置防区有无探头菜单，输入要设置的防区号后按确认键进入对应防区，如 1 防区则输入 1，按"确认键"，按开锁键切换选项（防区灯亮为有探头，防区灯灭为无探头）。按"确认键"保存设置并返回到安装设置主菜单，若设置成功，有"嘀"的一声提示；设置错误，则会"嘀"三声提示；默认设置：无探头	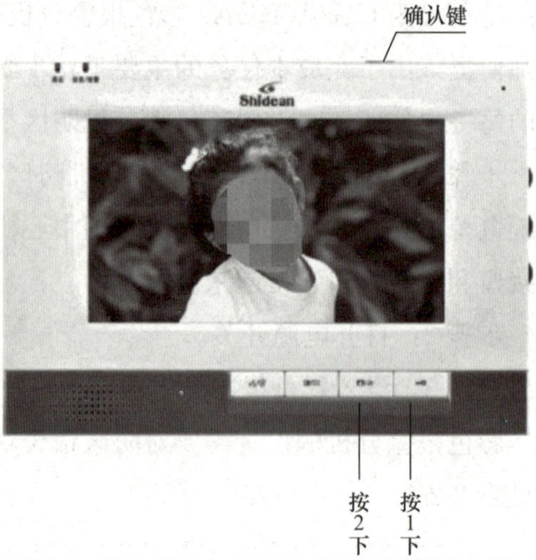 确认键 按2下　按1下
第三步：设置探头类型。输入 22，按"确认键"，进入设置探头类型菜单，输入要设置的防区号后按确认键进入对应防区，如 1 防区则输入 1，按"确认键"，按开锁键切换选项（防区灯亮为 NO 常开类型，防区灯灭为 NC 常闭类型）。按"确认键"保存设置并返回到安装设置主菜单，若设置成功，有"嘀"的一声提示；设置错误，则会"嘀"三声提示；默认类型：常开型	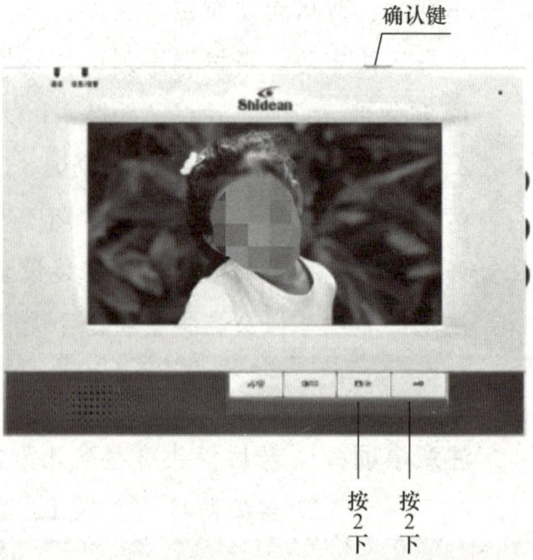 确认键 按2下　按2下

续表

步骤	图示
第四步：退出安装设置主菜单。长按"确认键"退出设置状态	 确认键
第五步：进入设置主菜单。在分机静态且撤防状态下，长按"设置键"，一长声后松手，进入用户设置界面，输入2000＋"确认键"，进入设置主菜单，如果没有任何防区布防，按"一键布防键"布防有连接的防区，防区指示灯亮一下，如所有连接防区布防成功，有一长声，如只有部分连接的防区布防成功，有三次短声	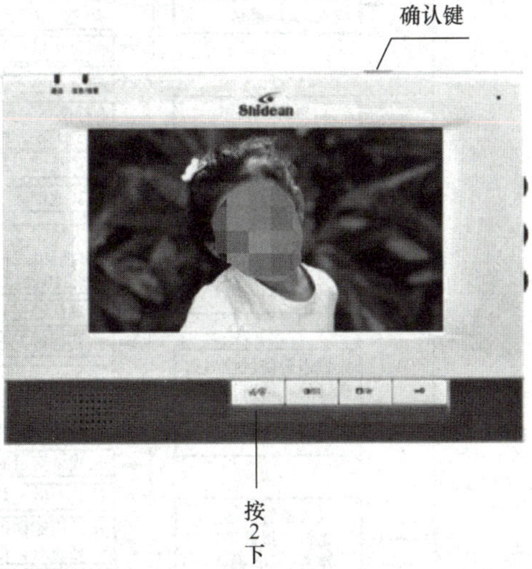 确认键 按2下
第六步：探头进入警戒状态。退出设置主菜单后，已设防区指示灯慢闪，延迟设定时间后（火警固定是2s；其他防区默认是100s），已布防区探头进入警戒状态	
第七步：触发紧急按钮，将会发送警情信息到管理中心	
第八步：撤防。退出紧急按钮报警状态，长按"设置键"，一长声后松手，进入用户设置界面，输入2000＋"确认键"，进入设置主菜单，按"一键撤防键"撤防有连接的防区	 确认键 按2下

小贴示：

```
静态且撤防状态下长按开锁键，
一长声后松手，输入6868+输入键
        ↓
    安装设置主菜单
```

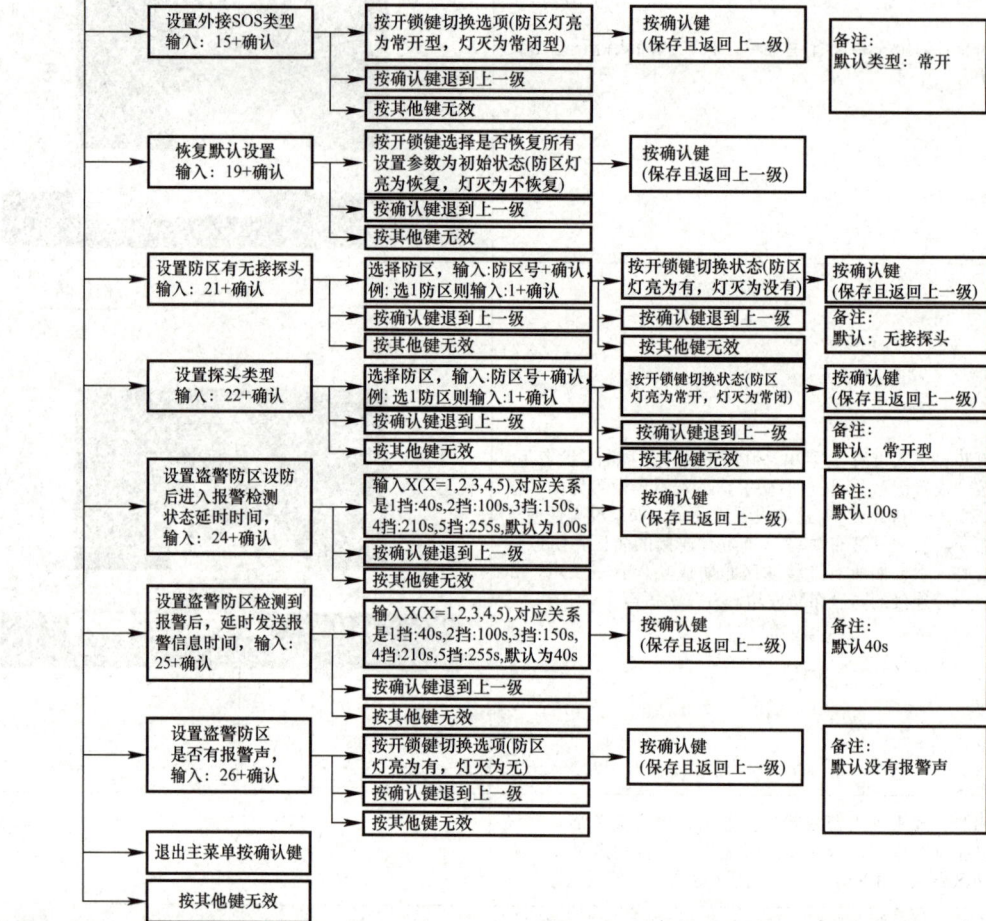

设置外接SOS类型 输入：15+确认	按开锁键切换选项(防区灯亮 为常开型，灯灭为常闭型)	按确认键 (保存且返回上一级)	备注： 默认类型：常开
	按确认键退到上一级		
	按其他键无效		
恢复默认设置 输入：19+确认	按开锁键选择是否恢复所有 设置参数为初始状态(防区灯 亮为恢复，灯灭为不恢复)	按确认键 (保存且返回上一级)	
	按确认键退到上一级		
	按其他键无效		
设置防区有无接探头 输入：21+确认	选择防区，输入:防区号+确认 例：选1防区则输入:1+确认	按开锁键切换状态(防区 灯亮为有，灯灭为没有)	按确认键 (保存且返回上一级)
	按确认键退到上一级	按确认键退到上一级	备注： 默认：无接探头
	按其他键无效	按其他键无效	
设置探头类型 输入：22+确认	选择防区，输入:防区号+确认 例：选1防区则输入:1+确认	按开锁键切换状态(防区 灯亮为常开，灯灭为常闭)	按确认键 (保存且返回上一级)
	按确认键退到上一级	按确认键退到上一级	备注： 默认：常开型
	按其他键无效	按其他键无效	
设置盗警防区设防 后进入报警检测 状态延时时间， 输入：24+确认	输入X(X=1,2,3,4,5),对应关系 是1挡:40s,2挡:100s,3挡:150s, 4挡:210s,5挡:255s,默认为100s	按确认键 (保存且返回上一级)	备注： 默认100s
	按确认键退到上一级		
	按其他键无效		
设置盗警防区检测到 报警后，延时发送报 警信息时间，输入： 25+确认	输入X(X=1,2,3,4,5),对应关系 是1挡:40s,2挡:100s,3挡:150s, 4挡:210s,5挡:255s,默认为40s	按确认键 (保存且返回上一级)	备注： 默认40s
	按确认键退到上一级		
	按其他键无效		
设置盗警防区 是否有报警声， 输入：26+确认	按开锁键切换选项(防区 灯亮为有，灯灭为无)	按确认键 (保存且返回上一级)	备注： 默认没有报警声
	按确认键退到上一级		
	按其他键无效		
退出主菜单按确认键			
按其他键无效			

四、总结评价

1. 主题讨论

（1）在本任务实施过程中，在功能号21，设置防区有无探头输入。本步骤在功能中有什么作用？不设置参数对功能有什么影响？

（2）在本任务实施过程中，在功能号22，设置探头类型。如果设置错误，对功能有什么影响？

2. 填写评价表

根据彩色分机设置的完成情况，填写评价表 2-2-2。先在所在小组内完成自评和互评，各组再选派一名同学演示，请教师给小组评分。

设置可视分机防区报警功能参数实训评价表　　　　表 2-2-2

评价项目	配分	自评	组内互评	教师评分	总评
彩色分机布防成功	30				
管理中心机、彩色分机撤防成功	30				
工作态度	10				
安全文明操作	20				
整理场地	10				
合计					

注：总评＝自评×50％＋组内互评×30％＋教师评价×20％。

五、技能训练

某小区第 17 单元，高 14 层，每层有 3 户人家。请你作为一名智能楼宇管理员，通过图 2-2-1 所示的彩色报警分机，对 5 楼 03 室进行防区报警功能的参数设置。

六、实训拓展

1. 设置"盗警防区设防后进入报警检测状态延时时间"（设置 20s）

在安装设置主菜单下输入 24＋"确认键"，进入设置"盗警防区设防后进入报警检测状态延时时间"菜单：输入延时参数 X（X＝1，2，3，4，5；对应关系为：1 挡延时 40s，2 挡延时 100s，3 挡延时 150s，4 挡延时 210s，5 挡延时 255s），按"确认键"保存设置并返回到安装设置主菜单。若设置成功，有"嘀"的一声提示；设置错误，则会"嘀"三声提示；盗警防区默认延时时间：100s；烟感、瓦斯防区为立即生效。

2. 设置"盗警防区检测到报警后，延时发送报警信息的时间"（设置 20s）

在安装设置主菜单下输入 25＋"确认键"，进入设置"盗警防区检测到报警后，延时发送报警信息时间"菜单：输入延时参数 X（X－1，2，3，4，5，对应关系为：1 挡延时 40s，2 挡延时 100s，3 挡延时 150s，4 挡延时 210s，5 挡延时 255s），按"确认键"保存设置并返回到安装设置主菜单。若设置成功，有"嘀"的一声提示；设置错误，则会"嘀"三声提示；盗警防区默认延时时间：40s；烟感、瓦斯防区为立即生效。

3. 设置"盗警防区是否有报警声"（设置有报警声）

在安装设置主菜单下输入 26＋"确认键"，进入设置"盗警防区是否有报警声"菜单：按"开锁键"切换选项，当防区灯亮时，表示有报警声；当防区灯灭时，表示没有报警声。按"确认键"保存设置并返回到安装设置主菜单，若设置成功，有"嘀"的一声提示；设置错误，则有"嘀"三声提示；分机默认为盗警防区没有报警声，烟感、瓦斯防区固定有报警声。

任务三　设置非可视分机房号和户数参数

一、任务描述

本任务要求完成某小区某户非可视分机房号及该房屋所在层户数的设置。该任务用到的器件有非可视分机和系统电源。智能楼宇管理员通过非可视分机上的机械按键，可设置非可视分机房号和户数等参数。

学习目标：

掌握非可视分机房号和房数等参数设置。

二、学习准备

楼宇对讲系统中的房号是指在某一单元第几层第几家住户；户数是指在某一单元的某一层最多有多少家住户。当有客人来访时，客人需在楼门外的对讲主机键盘上，按被访问住户的楼层号和房号，以便同主人进行双向通话或可视通话。

图 2-3-1　非可视分机外观图

1. 非可视分机

非可视分机是安装于住户室内的可视对讲设备，住户可通过室内的非可视分机接听单元门口机、管理中心机、其他住户的呼叫（联网时）；当来访者呼叫住户，住户可以通过提机与其通话，并可按"开锁键"打开单元门的电锁，开门让来访者进入。另外住户遇有紧急事件或需要帮助时，可通过非可视分机呼叫管理中心，与其通话。非可视分机如图 2-3-1 所示。

2. 设备的线路连接

图 2-3-2 是非可视分机的接线图，按图连接线路后，即可设置非可视分机的房号、户数等参数。

三、任务实施

张师傅是负责某小区访客对讲系统部署任务的一名智能楼宇管理员，他在该项目的第三个任务是设置小区内各楼栋非可视分机房号和各楼层户数两个参数。张师傅首先了解到本小区部署的是型号为 A9WHG 非可视分机，通过认真阅读该非可视分机的使用说明书，张师

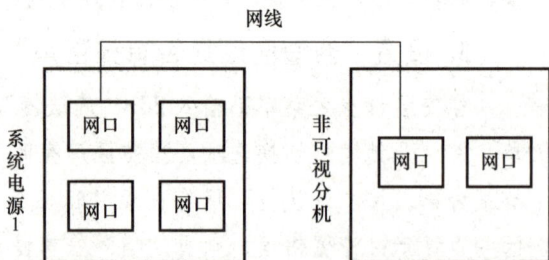

图 2-3-2　非可视分机接线图

傅提炼出了完成本任务的主要工作步骤。接下来，就让我们同张师傅一起，走进该小区的每一户住所，去设置其非可视分机房号和户数。

步骤1：按图2-3-2非可视分机接线图的要求，用网线将非可视分机和系统电源1连接起来。

步骤2：打开电源开关。

步骤3：设置非可视分机。

非可视分机的设置需要分别针对分机房号和每层户数等参数进行设置，其中分机房号的设置步骤见表2-3-1，每层户数的设置步骤见表2-3-2。

> 小贴示：在静态下，长按"开锁键"，听到一长声后松手，通话灯灭，进入初始安装设置状态，长按"管理中心键"一次，进入分机房号设置子菜单。
>
> 注：进入分机房号设置子菜单时，初始化的设置位为"千位"。短按"管理中心键"，对应设置位的参数加1。参数加到10后，发三短声，表示操作错误，并自动退出分机房号设置子菜单，返回到初始安装设置状态。短按"开锁键"移到下一位设置，顺序是"千位、百位、十位、个位"。
>
> 例如分机房号为0201，在初始安装设置状态下，长按"管理中心键"一次，进入分机房号设置子菜单，当前位是设置"千位"，千位是0，短按"开锁键"，移位到设置百位，短按"管理中心键"二次，然后按"开锁键"移位到设置十位，十位是0，短按"开锁键"，移位到设置个位，短按"管理中心键"一次，设置个位结束，短按"开锁键"退出。

> 注意事项：1. 在设置过程中，如不对所选择的位进行参数设置，则该参数取默认值零。
> 2. 房号后两位数不能大于每层户数。

分机房号设置步骤　　　　　　　　表2-3-1

步骤	图示
第一步：进入初始安装设置状态。在分机静态下，长按"开锁键"，一长声后松手，通话灯灭，进入初始安装设置状态	开锁键 管理中心键

续表

步骤	图示
第二步：进入分机房号设置子菜单。在初始安装设置状态，长按"管理中心键"1次，进入分机房号设置子菜单。 注：进入分机房号设置子菜单时，初始化的设置位为"千位"	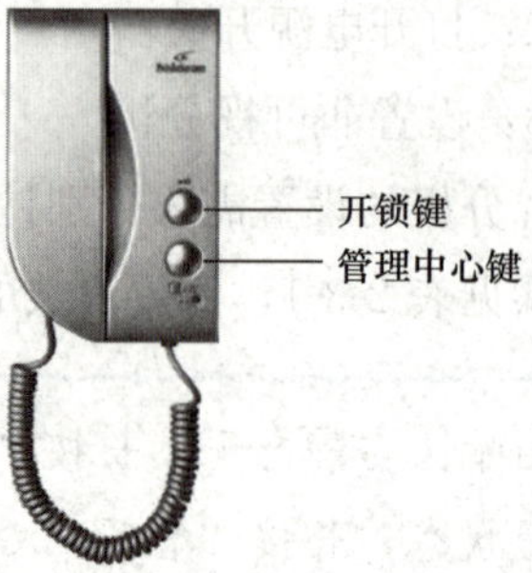
第三步：设置房号。输入四位房号，如2楼1号房则输入0201，当前位是设置"千位"，千位是0，短按"开锁键"，移位到百位设置，短按"管理中心键"2次，然后按"开锁键"移位到十位设置，十位是0，短按"开锁键"，继续移位到个位设置，短按"管理中心键"1次，设置个位结束，短按"开锁键"退出	开锁键 管理中心键
第四步：返回初始安装设置状态。若设置成功，有"嘀"的一长声提示；设置错误，有三声"嘀"声提示	

每层户数设置步骤   表 2-3-2

步骤	图示
第一步：进入初始安装设置状态。在分机静态下，长按"开锁键"，一长声后松手，通话灯灭，进入初始安装设置状态	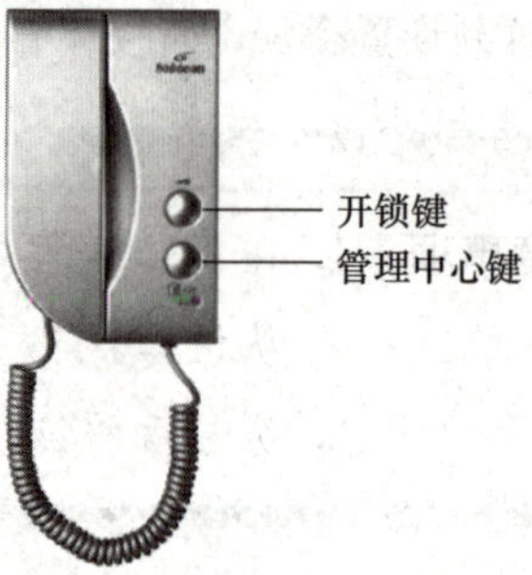
第二步：进入分机户数设置子菜单。在初始安装设置状态，长按"管理中心键"2次，进入分机户数设置子菜单。 注：进入分机户数设置子菜单时初始化的设置位为"十位"	开锁键 管理中心键
第三步：设置户数。输入楼层户数，如每层4户，则输入4，当前位是设置"十位"，十位是0，短按"开锁键"，移位到设置个位，短按"管理中心键"4次，设置个位结束，短按"开锁键"退出	
第四步：返回初始安装设置状态。若设置成功，有"嘀"的一长声提示；设置错误，有三声"嘀"声提示	

四、总结评价

1. 主题讨论

（1）在本任务实施过程中，"开锁键"是很重要的一个按键。请指出"开锁键"在非可视分机的什么位置？有什么作用？

（2）在设置房号过程中，如果不小心按错了号码，该怎么办？

2. 填写评价表

根据非可视分机设置的完成情况，填写评价表 2-3-3。先在所在小组内完成自评和互评，各组再选派一名同学演示，请教师给小组评分。

设置非可视分机房号和户数参数实训评价表   表 2-3-3

评价项目	配分	自评	组内互评	教师评分	总评
设置非可视分机房号	30				
设置非可视分机户数	30				
工作态度	10				
安全文明操作	20				
整理场地	10				
合计					

注：总评＝自评×50％＋组内互评×30％＋教师评价×20％。

五、技能训练

某小区第 17 单元，高 14 层，每层有 3 户人家。请你作为一名智能楼宇管理员，通过图 2-3-1 所示的非可视分机，对 1 楼 01 室，进行房号及户数的参数设置。

任务四　设置彩色数码主机密码开门

一、任务描述

本任务要求完成彩色数码主机密码开门的设置。该任务用到的器件有彩色数码主机、系统电源和电插锁。智能楼宇管理员通过彩色数码主机上的按键进行设置，可实现彩色数码主机密码开门功能。

学习目标：

掌握彩色数码主机密码开门设置方法。

二、学习准备

目前无论是采用可视室内分机或非可视室内分机（即对讲室内分机），用户大都要求采用可视门口主机。门口主机是楼宇对讲系统的关键设备。门口主机除具有呼叫住户的基本功能外，还需具备呼叫管理中心的功能。此外红外辅助光源、夜间辅助键盘背光等也是门口主机必须具备的功能。

随着 IC 卡技术及读数成本的降低，感应卡门禁技术被广泛应用在门口主机上，以实现刷卡开锁功能。另外，为使用方便，许多产品还提供回铃音提示、键音提示、呼叫提示以及各种语音提示等功能，使得门口主机性能日趋完善。

本任务需用到的系统电源和电插锁已分别在前面任务中做了介绍，下面介绍彩色数码主机。

1. 彩色数码主机

彩色数码主机是安装于单元门口或者小区门口的可视对讲设备，访客可通过门口的彩色数码主机呼叫室内分机和管理中心机。当来访者呼叫住户时，住户可以通过彩色报警分机看到来访者的图像，与其通话，并可按开锁键打开单元门的电锁开门，让来访者进入。如图2-4-1所示为彩色数码主机，按其"监视"键3s，即可通过单元门口机监视住户门口的图像。

2. 设备的线路连接

图2-4-2是彩色数码主机的接线图，按图连接线路后，即可设置彩色数码主机密码开门的功能参数。

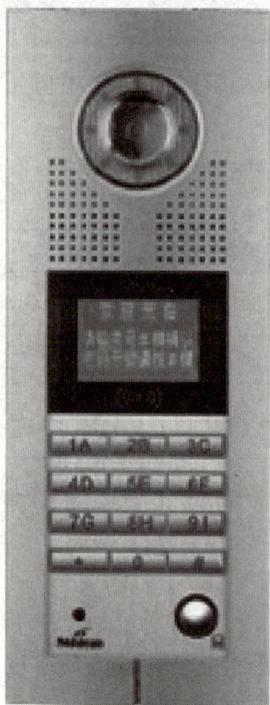

图2-4-1　彩色数码主机外观图

三、任务实施

张师傅是负责某小区访客对讲系统部署任务的一名智能楼宇管理员，他在该项目的第四个任务是设置小区内各楼栋彩色数码主机密码开门的参数。张师傅首先了解到本小区部署的是型号为EC17GSDGK彩色数码主机，通过认真阅读该彩色数码主机的使用说明书，张师傅提炼出了完成本任务的主要工作步骤。接下来，就让我们同张师傅一起，走进该小区的每栋单元楼，去设置其彩色数码主机密码开门。

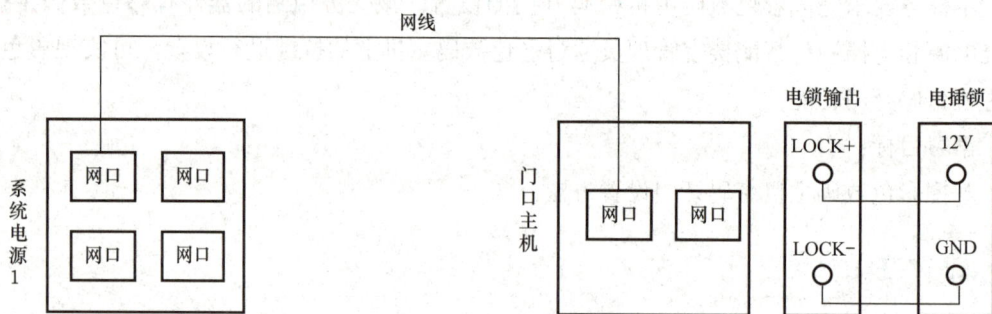

图2-4-2　彩色数码主机接线图

步骤1：按图2-4-2彩色数码主机接线图的要求，用网线将彩色数码主机和系统电源1连接起来，用3号导线将电锁输出接口和电插锁接口连接起来。

步骤2：打开电源开关。

步骤3：设置彩色数码主机。

彩色数码主机的设置需要对密码开门参数进行设置，设置步骤见表2-4-1。

小贴士：在静态界面按住"♯"键不放约 5s，按照显示屏上面的提示，输入主密码并按"♯"键确认（默认主密码为 200000），进入功能设置状态后，显示屏显示 7 种功能设置界面，可以按"0"键循环选择页面，按数字键进入相应设置界面。

例如选择"6"进入密码开锁使能设置，按数字键 1，打开"密码开锁"功能，按"＊"键退出。

注意事项：1. 彩色数码主机默认密码为 200000。

2. 锁状态信号类型默认为常开型。

密码开门参数设置步骤   表 2-4-1

步骤	图示
第一步：进入功能设置菜单。在静态界面按住"♯"键不放约 5s，按照显示屏上面的提示，输入主密码并按"♯"键确认（默认主密码为 200000），进入功能设置状态后，如同显示屏提示，有以下功能设置：（按"0"键循环选择页面，下同）	输入主密码 ---------- 按"＊"退出 按"#"确认 ⬇ 功能设置　V1.1 1 修改主密码 2 锁状态信号类型 0▼ 按"＊"退出
第二步：进入密码开锁使能设置。选择"6"进入密码开锁使能设置，根据显示屏界面提示，按数字键 1，打开"密码开锁"功能，按"＊"键退出	6 密码开锁使能 7 编辑开锁密码 0▼ 按"＊"退出 ⬇ 密码开锁功能 1 开启 0 关闭 按"＊"退出

续表

步骤	图示
第三步：设置开锁密码。选择"7"可以完成开锁密码的相关设置，按数字键1，输入要设置的组号，然后输入新密码，如组号：0001，密码：111111，先按♯键确认，再按＊键退出，返回上一级操作	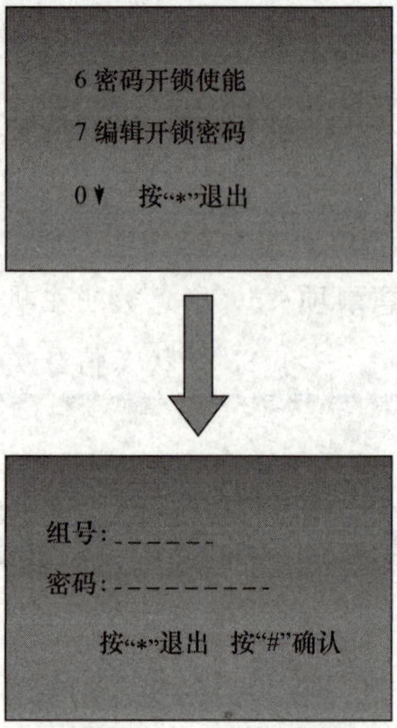 6 密码开锁使能 7 编辑开锁密码 0▼ 按"＊"退出 ↓ 组号：_____ 密码：_____ 按"＊"退出 按"♯"确认
第四步：退出功能设置菜单。在功能设置菜单按＊键退出	
第五步：进行数码主机密码开锁。在静态界面按"♯"键进入密码开门界面，输入密码11111，按"♯"键开门	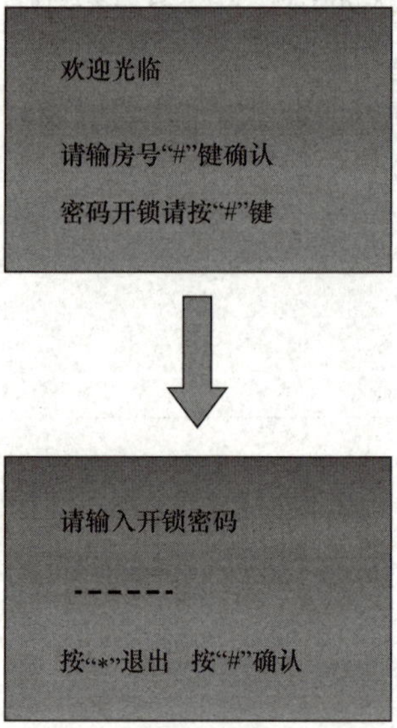 欢迎光临 请输房号"♯"键确认 密码开锁请按"♯"键 ↓ 请输入开锁密码 —————— 按"＊"退出 按"♯"确认

四、总结评价

1. 主题讨论

（1）在本任务实施过程中，"♯"键是很重要的一个按键。请指出"♯"键在彩色数码主机里的作用。

（2）在设置开锁密码过程中，分组功能有什么作用？

2. 填写评价表

根据彩色数码主机设置的完成情况，填写评价表 2-4-2。先在所在小组内完成自评和互评，各组再选派一名同学演示，请教师给小组评分。

设置彩色数码主机密码开门参数实训评价表　　　　　　　　表 2-4-2

评价项目	配分	自评	组内互评	教师评分	总评
设置彩色数码主机开锁密码	30				
彩色数码主机开锁成功	30				
工作态度	10				
安全文明操作	20				
整理场地	10				
合计					

注：总评＝自评×50％＋组内互评×30％＋教师评价×20％。

五、技能训练

某小区第 17 单元，高 14 层，每层有 3 户人家。请你作为一名智能楼宇管理员，通过图 2-4-1 所示的彩色数码主机，对第 17 单元进行开锁密码的参数设置。

六、实训拓展

在功能设置菜单选择"7"可以完成开锁密码的删除。

1. 逐个删除开锁密码。按"2"键，输入要删除的组号，按"＃"键确认后即可删除该组的开锁密码。

2. 删除所有开锁密码。按"3"键，屏幕提示是否删除所有开锁密码？按"＃"键则删除所有开锁密码。按"＊"键，则退出该操作。

任务五　操作彩色数码主机访客呼叫

一、任务描述

本任务要求完成彩色数码主机访客呼叫的设置。该任务用到的器件有彩色数码主机、系统电源、单元转换器和彩色报警分机。智能楼宇管理员通过彩色数码主机上的按键操作，可实现彩色数码主机呼叫彩色报警分机等功能。

学习目标：

1. 掌握彩色数码主机、单元转换器、彩色报警分机和系统电源连线；

2. 掌握彩色数码主机和彩色报警分机呼叫方法。

二、学习准备

智能楼宇可视对讲系统是通过使用单片机编程技术、双工对讲技术、CCD摄像及视频显示技术设计而成的一种访客识别电控信息管理智能系统。当有客人来访时，客人需在楼门外的对讲主机键盘，按被访问的住户房号，同主人进行双向通话或可视通话；主人通过对话或图像确认来访者的身份后，如允许来访者进入，就用对讲分机上的开锁按钮键打开大楼入口门上的电控门锁，来访客人便可进入楼内；来访客人进入后，楼门自动闭锁。

本任务用到的彩色数码主机和彩色报警分机已在前面的任务中做了介绍，下面介绍单元转换器。

图 2-5-1　RS1 单元转换器外观图

1. 单元转换器

RS1 单元转换器如图 2-5-1 所示，它是对讲访客系统内部的一个信号切换器，其功能有总线隔离、信号转发和音视频通道切换，并能标示通信和电源的工作状态。在呼叫过程中，单元转换器根据信号将音视频切换到被呼叫的通道上。

RS1 转换器有五个 RJ45 接口，分别对应单元总线输入、输出，系统总线输入和输出，剩下的一个 RJ45 接口和另外一个两端接口用于连接单元系统主电源；此外，RS1 单元转换器还有两个四档视频增益调节拨码开关。调节增益可提高视频传输距离，通过单元转换器级联，可将单元系统组网成一个片区进行统一管理；单元转换器的参数可通过其按键自行配置，也可通过软件或电阻进行配置。

2. 设备的线路连接

图 2-5-2 是彩色数码主机访客呼叫的接线图。按图连接线路后，即可设置彩色数码主机的访客呼叫参数。

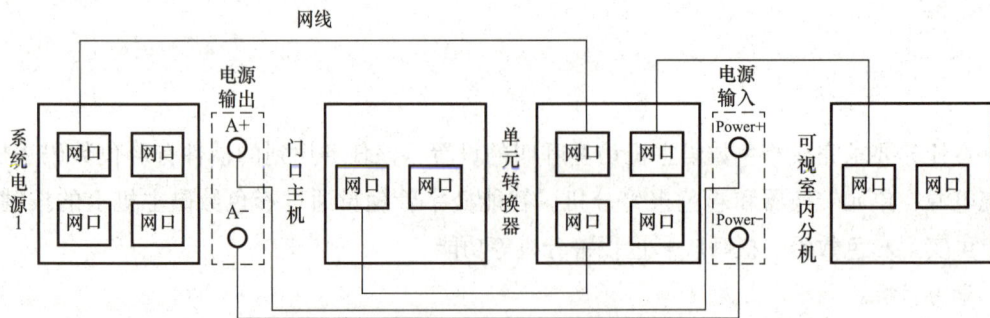

图 2-5-2　访客呼叫接线图

三、任务实施

张师傅是负责某小区访客对讲系统部署任务的一名智能楼宇管理员，他在本项目的第五个任务是操作彩色数码主机访客呼叫。张师傅首先了解到本小区部署的型号为EC17GSDGK彩色数码主机，通过认真阅读该彩色数码主机的使用说明书，张师傅提炼出了完成本任务的主要工作步骤。接下来，就让我们同张师傅一起，走进该小区的每栋单元楼，去操作彩色数码主机的访客呼叫。

步骤1：按图2-5-2访客呼叫接线图的要求，用网线将彩色数码主机、系统电源1、单元转换器、彩色报警分机连接起来，用3号导线将电源输出接口和电源输入接口连接起来。

步骤2：打开电源开关。

步骤3：设置彩色数码主机。

操作彩色数码主机的访客呼叫，设置步骤见表2-5-1。

> 注意事项：1. 本任务假设彩色报警分机房号为101。
> 2. 彩色数码主机呼叫模式为8888。

彩色数码主机访客呼叫设置步骤　　　　　　　　　　　　　　　表2-5-1

步骤	图示
第一步：进入功能设置菜单。在静态界面按住"#"键不放约5s，按照显示屏上面的提示，输入主密码并按"#"键确认（默认主密码为200000），进入功能设置状态后，如同显示屏提示，有以下功能设置：（按"0"键循环选择页面，下同）	输入主密码 - - - - - - - 按"*"退出　按"#"确认 ↓ 功能设置　V1.1 1　修改主密码 2　锁状态信号类型 0▼　　按"*"退出

续表

步骤	图示
第二步：进入呼叫模式设置。选择"4"进入呼叫模式设置，根据显示屏界面提示，按数字键"1"，选择"8888"呼叫模式，按"＊"键退出	3 防拆报警设置 4 呼叫模式设置 5 配置参数设置 0 ▼ 按"＊"退出 ↓ 呼叫模式设置 1 8888 2 88A 0 ▼ 按"＊"退出
第三步：呼叫可视室内分机。在静态界面按数字键101，按♯键确认，呼叫可视室内分机，室内分机响铃，通话灯快闪，显示主机处图像	欢迎光临 请输房号"#"键确认 密码开锁请按"#"键 ↓ 呼叫住户 房号：101 ＿＿＿＿＿ 按"＊"退出 按"#"确认
第四步：可视室内分机接听。室内分机响铃，可视室内分机按应答键接听呼叫，可以双向语音，按应答键结束通话，返回到待机状态	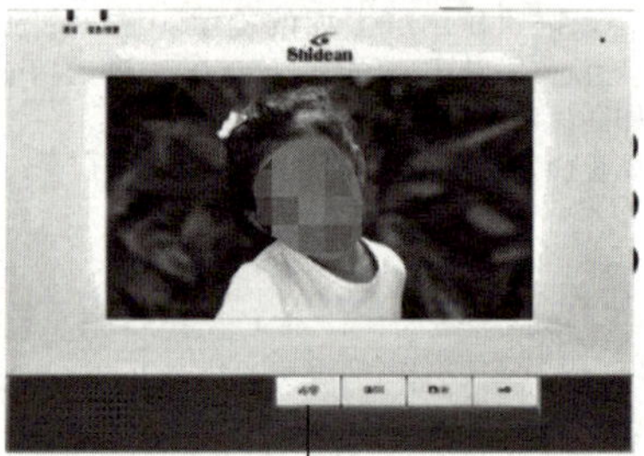 应答键

四、总结评价

1. 主题讨论

（1）在本任务实施过程中，"呼叫模式设置"是很重要的一步。呼叫模式设置不正确结果会怎样？

（2）在设置访客呼叫过程中忘记了室内分机房号该怎么办？

2. 填写评价表

根据彩色数码主机设置的完成情况，填写评价表 2-5-2。先在所在小组内完成自评和互评，各组再选派一名同学演示，请教师给小组评分。

操作彩色数码主机访客呼叫实训评价表　　　　表 2-5-2

评价项目	配分	自评	组内互评	教师评分	总评
访客呼叫接线正确	30				
访客呼叫操作正确	30				
工作态度	10				
安全文明操作	20				
整理场地	10				
合计					

注：总评＝自评×50％＋组内互评×30％＋教师评价×20％。

五、技能训练

某小区第 17 单元，高 14 层，每层有 3 户人家。请你作为一名智能楼宇管理员，通过图 2-4-1 所示的彩色数码主机，对第 17 单元楼进行访客呼叫设置。

六、实训拓展

可视室内分机监视彩色数码主机操作：

1. 可视室内分机在待机状态下，按"监视"键，可显示彩色数码主机门口图像。

2. 彩色数码主机呼叫可视室内分机，可视室内分机接通电话，按开锁键打开单元门。

任务六　操作管理中心机呼叫住户分机

一、任务描述

本任务要求完成管理中心机呼叫住户分机的设置。该任务用到的器件有管理中心机、系统电源、单元转换器、彩色数码主机和彩色报警分机。智能楼宇管理员通过管理中心机上的按键进行操作，可实现管理中心机呼叫彩色报警分机等功能。

学习目标：

1. 掌握管理中心机、单元转换器、彩色报警分机和系统电源连线；
2. 掌握管理中心机和彩色报警分机呼叫方法。

二、学习准备

住宅小区物业管理的安全保卫部门通过小区安全对讲管理主机，可以对小区内各住宅楼安全对讲系统的工作情况进行监视。如有住宅楼入口门被非法打开或安全对讲主机线路出现故障，小区安全对讲管理主机会发出报警信号，显示出报警的内容及地点。小区物业管理部门与住户或住户与住户之间可以用该系统相互进行通话，如物业部门通知住户交各种费用、住户通知物业管理部门对住宅设施进行维修、住户在紧急情况下向小区的管理人员或邻里报警求救等事项，都可以通过该系统得以完成。

本任务需要到的系统电源、单元转换器、彩色数码主机和彩色报警分机已在前面的任务中做了介绍，下面介绍管理中心机。

图 2-6-1　管理中心机外观图

1. 管理中心机

管理中心机如图 2-6-1 所示，一般安装在小区管理中心或者保卫处，它是访客对讲系统的控制中心。管理中心机可直接呼叫分机、监视单元主机，也可被各级分机、单元主机呼叫，进行高质量的音视频通话。此外，管理中心机还具备巡检功能，可以对整个安保系统的报警探头进行实时检测，通过报警探头对非法入侵、火警、煤气等异常情况进行报警。管理中心和电脑连接时，还提供多种方式，实现地址簿下载和电脑联机功能。当联网报警时，报警信息会立即传送到管理中心。

2. 设备的线路连接

图 2-6-2 是管理中心机呼叫室内机的接线图，按图连接线路后，即可设置管理中心机的呼叫参数。

三、任务实施

张师傅是负责某小区访客对讲系统部署任务的一名智能楼宇管理员，他的第六个任务是设置小区内保安室管理中心机呼叫室内分机参数。张师傅首先了解到本小区部署的是型号为 MC4D 管理中心机，通过认真阅读该管理中心机的使用说明书，张师傅提炼出了完成本任务的主要工作步骤。接下来，就让我们同张师傅一起走进该小区的保安室，去设置管理中心机呼叫室内分机的参数。

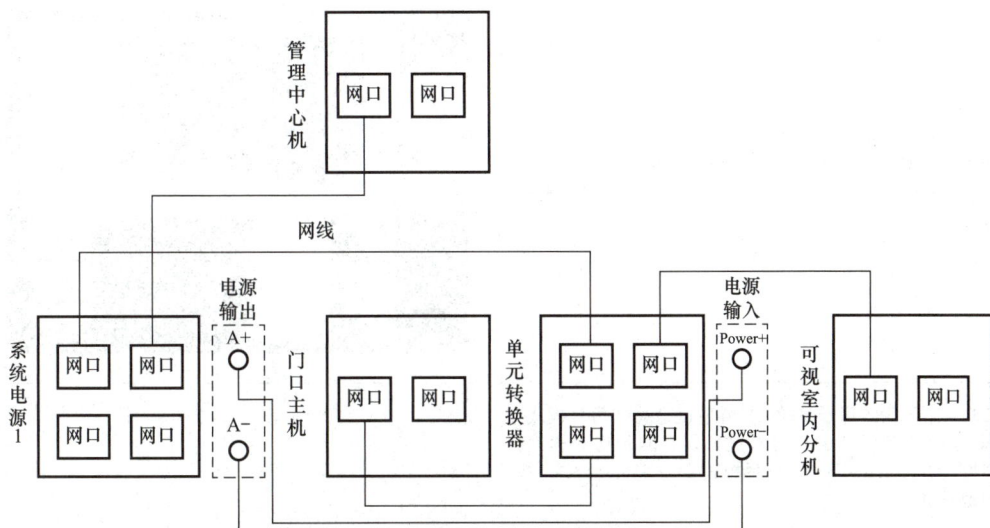

图 2-6-2　系统接线图

步骤1：按图 2-6-2 管理中心机接线图的要求，用网线将管理中心机、彩色数码主机、系统电源1、单元转换器、彩色报警分机连接起来，用3号导线将电源输出接口和电源输入接口连接起来。

步骤2：打开电源开关。

步骤3：设置管理中心机。

管理中心机的设置需要对呼叫室内分机进行设置，其中呼叫室内分机的设置步骤见表 2-6-1。

小贴示：在静态下，管理中心机显示屏待机为黑色，按任意键点亮显示屏，按右侧导航键可以上下左右选择功能界面，按"OK"键进入界面，按"△"，"▽"按键可翻页浏览。

注意事项：1. 本任务假设彩色报警分机房号为101。
2. 管理中心机密码为888888。

四、总结评价

1. 主题讨论

（1）在本任务实施过程中，管理中心机面板上有很多图标键，各有什么作用？

管理中心机呼叫室内机设置步骤 表 2-6-1

步骤	图示
第一步：进入功能设置菜单。在待机界面，按导航键选择"设置"图标，按"OK"进入密码验证界面，输入正确的验证密码（出厂初始密码为"888888"）后进入参数设置界面	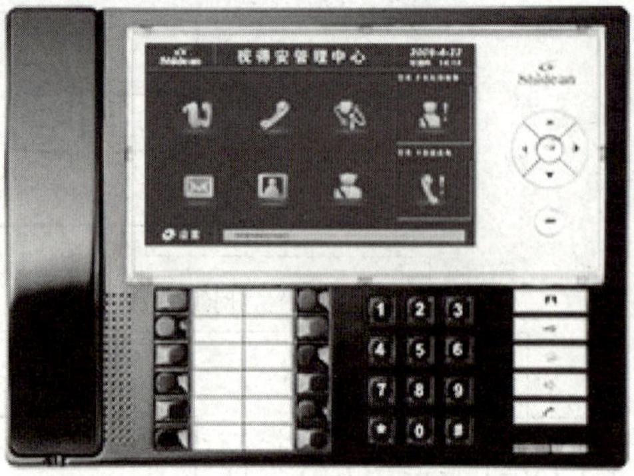
第二步：进入设置房号模式。按导航键选择"房号模式"图标，用于设置呼叫的房号模式，共有两种房号模式，选择模式 1 为 8888-8888（选择模式 2 为 8888-88A），按返回键退出	
第三步：呼叫可视室内分机。在静态界面按数字键，输入 0001-0101，按"OK"或"呼叫"键进行呼叫，室内分机响铃，通话灯快闪	
第四步：可视室内分机接听。室内分机响铃，可视室内分机按应答键接听呼叫，可以双向语音，按应答键结束通话，返回到待机状态	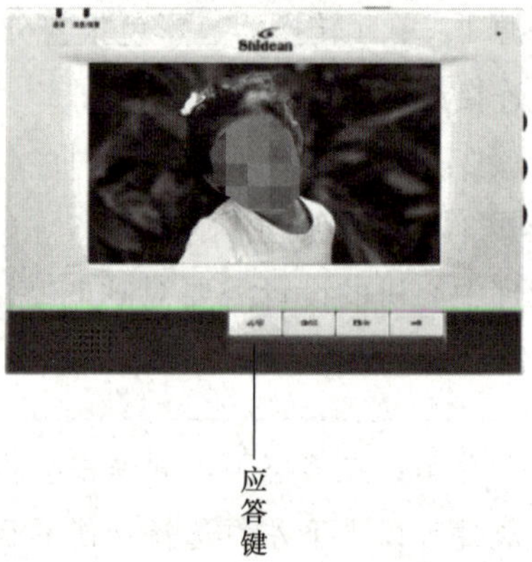 应答键

（2）在访客呼叫过程中，如果有未接电话该怎么查看？

2. 填写评价表

根据管理中心机设置的完成情况，填写评价表 2-6-2。先在所在小组内完成自评和互评，各组再选派一名同学演示，请教师给小组评分。

操作管理中心机呼叫住户分机实训评价表 表 2-6-2

评价项目	配分	自评	组内互评	教师评分	总评
系统接线正确	30				
管理中心机呼叫室内分机正确	30				

评价项目	配分	自评	组内互评	教师评分	总评
工作态度	10				
安全文明操作	20				
整理场地	10				
合计					

注：总评＝自评×50％＋组内互评×30％＋教师评价×20％。

五、技能训练

某小区第17单元，高14层，每层有3户人家。请你作为一名智能楼宇管理员，通过图2-6-1所示的管理中心机，对3楼02室进行访客呼叫的参数设置。

六、实训拓展

1. 在室内分机待机状态，按"管理中心"键，管理中心机显示有呼叫，提机通话。

2. 在彩色数码主机待机状态，按"管理中心"键，管理中心机显示有呼叫，提机通话。

3. 可视室内机接探测器布防，触发探测器，管理中心机提示报警信息，处理报警。

任务七 设计一个应用系统

一、任务描述

在完成本项目所有实训课程的基础上，根据实训指导老师指定楼栋号、单元号和房间号，自己组建一个具有特定功能的可视对讲门禁控制系统。

设计要求：

1. 楼栋号02；

2. 单元号02；

3. 房间号：103（可视室内分机）和202（对讲室内分机）；

4. 室内安装多种探测器。

二、学习目标

1. 熟悉和了解整套楼宇对讲系统的组成、功能以及电路接线；

2. 培养自己的动手能力和创造力。

三、任务实施

1. 请根据任务要求，准备实训设备和材料。

1）实训设备

序号	设备名称	型号	数量
1			
2			
3			
4			
5			
6			

2）材料

序号	材料名称	规格	数量
1			
2			
3			
4			
5			
6			

2. 请画出系统接线图

3. 请按照以下步骤，完成本任务。

（1）系统接线；

（2）栋号和单元号设置；

（3）房号和户号设置；

（4）室内安防端口配置；

（5）功能演示。

项目 三
小区布防巡更系统操作与实训

防盗报警系统是用物理方法或电子技术，自动探测发生在布防监测区域内的入侵行为，产生报警信号，并提示值班人员发生报警的区域部位，显示可能采取对策的系统。防盗报警系统是预防抢劫、盗窃等意外事件的重要设施。一旦发生突发事件，就能通过声光报警信号在安保控制中心准确显示出事地点，便于迅速采取应急措施。防盗报警系统与出入口控制系统、视频监控系统、访客对讲系统和电子巡更系统等一起构成了安全防范系统。

防盗报警系统通常由前端设备（包括探测器和紧急按钮报警装置）、传输设备、处理/控制/管理设备和显示设备四个部分组成。前端设备包括一个或多个探测器，一般有门磁开关、玻璃破碎探测器、被动红外探测器、红外对射探测器和紧急按钮；传输设备包括电缆或数据采集和处理器（地址编/解码器、发射/接收装置）；控制设备包括控制器或中央控制台，控制器/中央控制台应包含控制主板、电源、声光指示、编程、记录装置以及信号通信接口；显示设备包括显示器或大型显示屏等。

本项目共包含 6 个工作任务，如图 3-1-0 所示。通过这 6 个工作任务的实施，学生可以掌握小区布防巡更系统的接线、大型报警主机的设置、8 防区主机设置、2 防区扩展模块的设置、继电器模块的设置、巡更软件操作等技能。

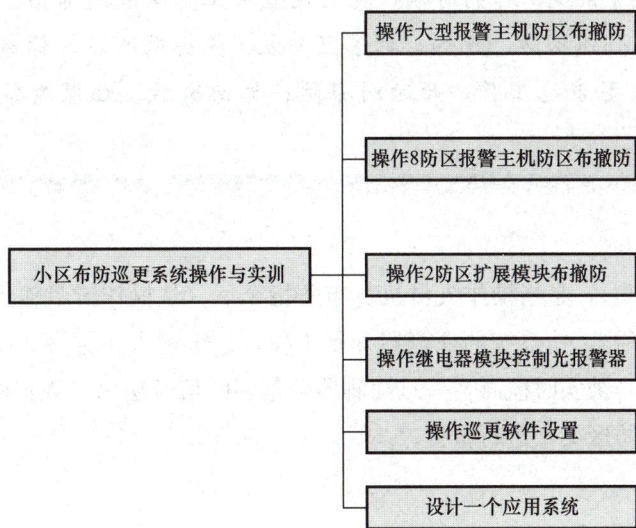

图 3-1-0 项目三任务导引图

47

任务一　操作大型报警主机防区布撤防

一、任务描述

本任务要求完成大型报警主机防区的布防和撤防。该任务用到的器件有大型报警主机、液晶键盘、紧急按钮和报警灯。智能楼宇管理员通过液晶键盘进行编程，可实现对报警主机的布防和撤防操作。

学习目标：

1. 能完成液晶键盘与报警主机的连线；
2. 能使用液晶键盘进行布撤防操作。

二、学习准备

> 你知道吗？
>
> 行业标准《安全防范系统通用图形符号》GA/T 74—2017规定了防盗报警系统的技术要求和检验方法，是设计、制造、检验防盗报警系统的基本依据。作为一名未来的智能楼宇管理员，你应该通过互联网查阅一下此标准，以了解更多的相关知识。

> 你知道吗？
>
> 在你需要报警系统工作的时候，把它设置成工作模式叫布防。你不需要它工作，让它停止工作叫撤防。比如，你家里安装了报警探测器，你离家之前防止有人偷东西，让报警系统工作，此时叫布防；你回家后，让探测器停止工作，叫撤防。

1. 布防

布防（又称设防），是指操作人员执行布防指令后（从操作键盘输入密码并确认或通过布撤防开关操作后），使系统的探测器开始工作，系统进入正常警戒状态。处于布防状态下区域（即防区）被实时监测，一旦探测器采集到的信号超出了规定的范围，报警控制器将按照设定好的防区类型进行报警。

2. 撤防

撤防是指操作人员执行撤防指令后（从操作键盘输入密码并确认或通过布撤防开关操作后），使系统的探测器进入就绪状态。

3. 防区

所谓防区，简单地说就是报警系统控制的区域。它有以下几种常见类型。

（1）24 小时防区：任何时候触发都有效。如紧急按钮、消防的烟雾传感器和有害气体传感器等。

（2）即时防区：布防后，触发了即时防区，会立即报警。

（3）延时防区：布防后，所设定的延时防区在进入/退出延时时间结束之后触发才报警。

（4）静音防区：布防后，触发了防区的报警为静音报警，键盘和报警输出无声/无输出，只通过数据总线将报警信号传到控制中心。

（5）周界防区：当周界布防后，触发了周界防区会立即报警。

（6）周界延时防区：当周界布防后，所设定的延时防区在进入/退出延时时间结束之后触发才报警。

（7）旁路防区：若某防区允许旁路，则在布防时，输入［用户密码］+［旁路］+［防区编号］+［♯］将旁路该防区。撤防时所旁路的防区将被清除（24 小时防区不可旁路）。

4. 报警控制器

报警控制器是对防区进行布防和撤防的主要设备。报警控制器又被称为探测报警控制/通信主机（报警控制主机）。它负责控制、管理本地报警系统的工作状态；收集探测器发出的信号，按照探测器所在防区类型与主机工作状态（布防/撤防）做出逻辑分析，进而发出本地报警信号，同时通过通信网络向接警中心发送特定的报警信息。除了具有以上的基本功能外，有些报警控制器还具有一些其他功能。例如，可驱动外围设备，如开启摄像机、录像机、照明设备记录打印机等。功能完善的报警控制器还具有系统自检、故障报警、对系统编程等功能。

系统自检功能可实现对整个入侵探测报警系统的自检，检查系统各个部分的工作状态是否正常，否则发出故障报警信号。故障报警功能是对系统中线路的短路、断路、设备外壳被非法打开等进行检测，一旦有上述情况发生，也会发出故障报警信号。对系统的编程功能体现了报警控制器的智能化水平。它可以很好地满足不同用户的防范需求，以使安全防范工作取得更大的成效。编程的内容很多，主要包括设置修改操纵人员密码、防区布防类型、报警延时时间和响铃时间，以及是否自动拨号向上一级报告警情等。

VISTA-128 大型报警主机系统是美国 Honeywell（霍尼韦尔）公司的产品，如图 3-1-1 所示。VISTA-128 大型报警主机可实现计算机管理，并方便地与其他系统集成，它自带 9 个防区，可以划分为 8 个子系统，最多支持 128 个由有线、总线或无线设备组成的防区。支持 4286 模块，允许通过音频电话监控系统。

本任务对 VISTA-128 自带的 9 个基础接线防区进行编程，每个防区可根据需要接常开型或常闭型报警探测器，如接入常开型报警探测器，需在大型报警主机该防区并入一个 2kΩ 的电阻，如接入常闭型报警探测器，需在大型报警主机该防区串入一个 2kΩ 的电阻。

图 3-1-1　大型主机和液晶键盘外观图

5. 设备的线路连接

图 3-1-2 是大型报警主机和液晶键盘接线图，按图连接线路后，即可设置大型报警主机的布撤防。

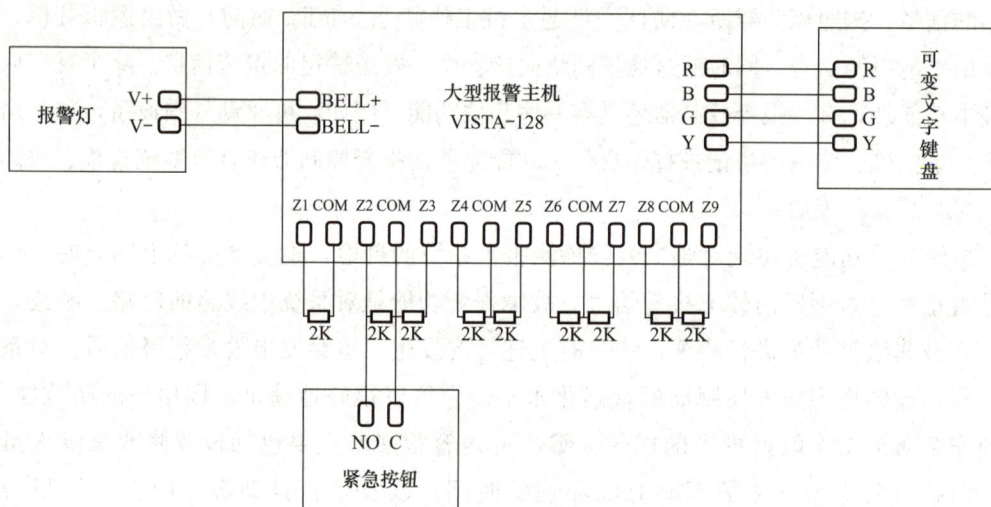

图 3-1-2　大型报警主机和液晶键盘接线图

三、任务实施

张师傅是负责某小区布防巡更系统部署任务的一名智能楼宇管理员，他在该项目的第一个任务是设置小区内大型报警主机的布撤防。张师傅首先了解到本小区部署是型号为

VISTA-128 大型报警主机，通过认真阅读该大型报警主机的使用说明书，张师傅提炼出了完成本任务的主要工作步骤。接下来，就让我们同张师傅一起，走进该小区，去设置大型报警主机布撤防参数。

步骤 1：按图 3-1-2 大型报警主机接线图的要求，用 3 号线将大型报警主机、液晶键盘、紧急按钮、报警灯连接起来。

步骤 2：打开电源开关。

步骤 3：设置大型报警主机。

大型报警主机的设置需要对布撤防参数进行设置，以下步骤以 2 防区为例进行操作，其他 8 个防区的操作类似，具体设置步骤见表 3-1-1。

> 小贴示：液晶键盘的用户操作说明：
>
> 密码（1234）+1 系统撤防；
>
> 密码（1234）+2 系统外出布防；
>
> 密码（1234）+3 系统留守布防；
>
> 密码（1234）+4 系统立即布防。

> 注意事项：
>
> 1. 用户安装员码为 4140。
>
> 2. 用户密码为 1234。

大型报警主机布撤防参数设置步骤　　　　　　　　表 3-1-1

步骤	图示
第一步：进入编程模式。在可变文字键盘监控状态下，输入安装员码"（4140）+8000"，进入编程模式	 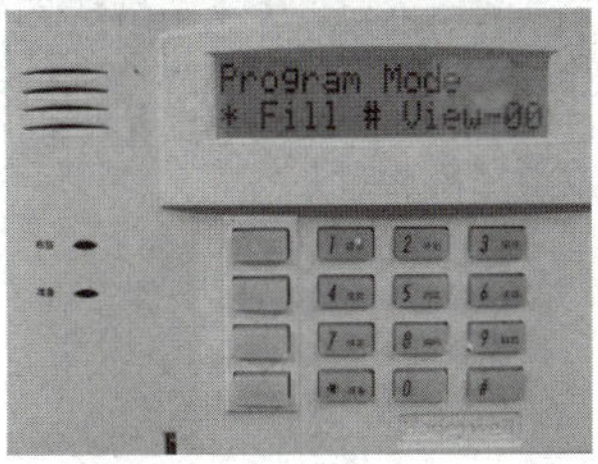

续表

步骤	图示
第二步：进入防区编程。进入编程模式后输入"＊93"进入菜单模式编程，连续输入两次"1"，进入防区编程界面	
第三步：显示防区编程参数。在防区编程界面，输入"002"（我们以2防区为例)＋"＊"（确认键），显示002防区设置参数。 显示含义： 002—防区号 ZT—防区类型 P—所属子系统 RC—报告码 IN—输入类型 L—回路号	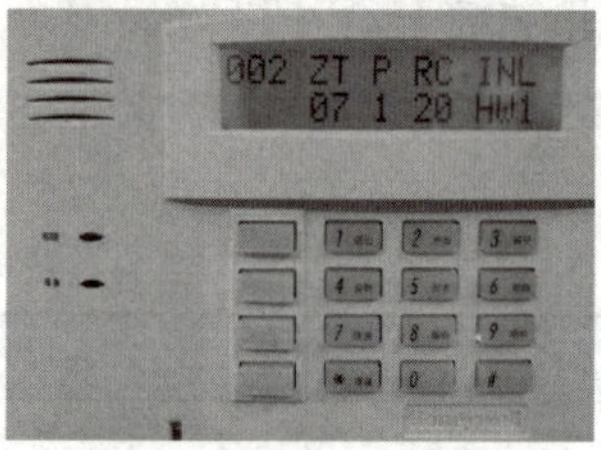
第四步：设置防区类型和子系统。在显示防区编程参数界面，按"＊"键进入防区类型菜单，输入防区类型：07（24小时防区），按"＊"键，进入子系统设置界面，输入1，按"＊"键，进入报告码设置界面。 防区类型具体参考附录1	

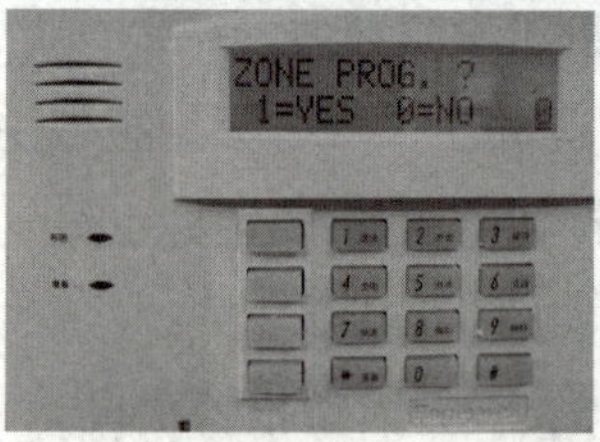

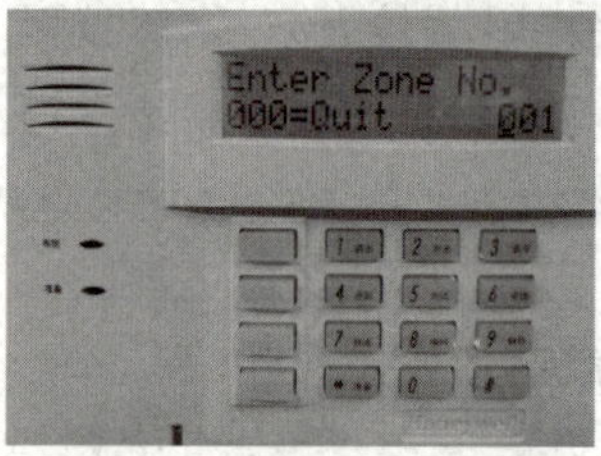

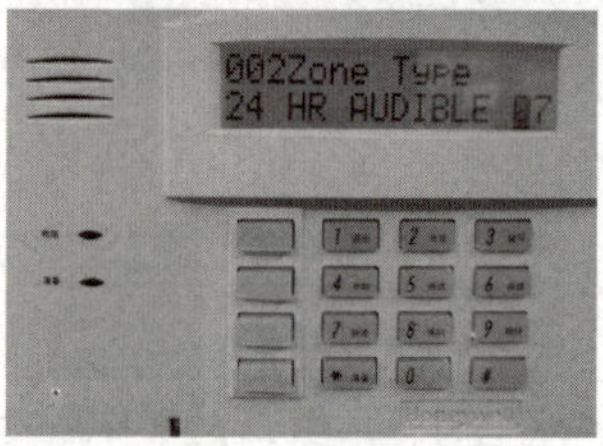

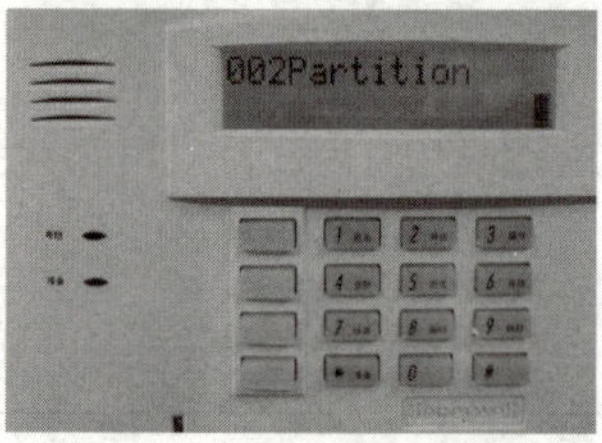

续表

步骤	图示
第五步：设置报告码和输入类型。在报告码设置界面，连按两次"*"键，进入输入类型设置界面，输入类型设为01，按"*"键，显示002防区参数完成界面。防区输入类型具体参考附录2	
第六步：退出防区编程。在参数显示界面，按"*"键，进入003防区进入界面，如果想编辑下一防区，则重复上述步骤。如退出，输入"000＋*"键，确定退出输入"1"进入编程指令界面，输入"*99"退出编程	
第七步：测试。在报警主机未布防情况下，触发紧急按钮，警灯闪烁，液晶键盘报警，显示哪一个防区报警。恢复紧急按钮，在液晶键盘上顺序输入"1、2、3、4、1"，警灯熄灭，报警恢复	

四、总结评价

1. 主题讨论

（1）在本任务实施过程中，如何理解防区类型的意义？

（2）在本任务实施过程中，如果要对 3 防区进行布防，该如何接线和编程？

2. 填写评价表

根据大型报警主机的完成情况，填写评价表 3-1-2。先在所在小组内完成自评和互评，各组再选派一名同学演示，请教师给小组评分。

设置大型报警主机布撤防参数实训评价表　　　　　　　表 3-1-2

评价项目	配分	自评	组内互评	教师评分	总评
防区报警参数正确	30				
防区撤防成功	30				
工作态度	10				
安全文明操作	20				
整理场地	10				
合计					

注：总评＝自评×50％＋组内互评×30％＋教师评价×20％。

五、技能训练

某小区第 17 单元，高 14 层，每层有 3 户人家。请你作为一名智能楼宇管理员，通过图 3-1-1 所示的大型报警主机，对第 17 单元楼设置合适的防区报警参数。

任务二　操作 8 防区报警主机防区布撤防

一、任务描述

本任务要求完成 8 防区报警主机防区布撤防的设置。该任务用到的器件有 8 防区报警主机、紧急按钮和警灯。智能楼宇管理员将上述三个器件连接后，通过 8 防区报警主机软件设置，可完成防区的布防和撤防操作。

学习目标：

1. 能完成 8 防区报警主机的连线；
2. 能使用 8 防区报警主机进行布撤防操作。

图 3-2-1　8 防区报警主机外观图

二、学习准备

1. 8 防区报警主机

8 防区 LED 家庭报警主机是霍尼韦尔 VICTRIX 智能社区专业报警安防系统的组成部分之一，如图 3-2-1 所示。它一般安装在住户室内，可为住户提供防盗、报警和紧急求救功能。8 防区 LED 家庭报警主机的设置比较方便，在对防区进行布撤防操作时，会辅以简单的声音提示，面板 LED 灯可显示各个防区的状态，并能检测 8 防区的线路异常或防区触发。

2. 设备的线路连接

图 3-2-2 是 8 防区报警主机的接线图，按图连接线路后，即可设置 8 防区报警主机的布撤防。

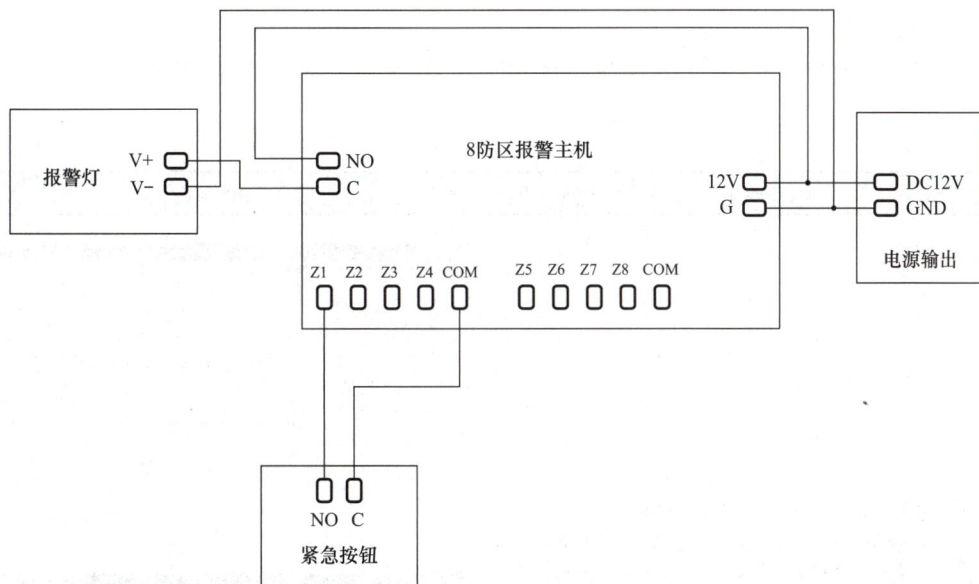

图 3-2-2　8 防区报警主机接线图

三、任务实施

张师傅是负责某小区布防巡更系统部署任务的一名智能楼宇管理员，他在该项目的第二个任务是设置小区内 8 防区报警主机的布撤防。张师傅首先了解到本小区部署的是型号为 VICTRIX-8 报警主机，通过认真阅读该 8 防区报警主机的使用说明书，张师傅提炼出了完成本任务的主要工作步骤。接下来，就让我们同张师傅一起，走进该小区，去设置 8 防区报警主机布撤防参数。

步骤 1：按图 3-2-2　8 防区报警主机接线图的要求，用 3 号线将 8 防区报警主机、紧急按钮、报警灯连接起来。

步骤 2：打开电源开关。

步骤 3：设置 8 防区报警主机。

8 防区报警主机的设置需要对防区参数进行设置，其中防区参数的设置步骤见表 3-2-1。

小贴示：8 防区报警主机操作说明：

密码（1234）+ON 系统布防；

密码（1234）+OFF 系统撤防。

注意事项：

1. 用户密码为 1234。

2. 软件配置密码为 0。

8 防区报警主机防区参数设置步骤　　　　　　　　　　表 3-2-1

步骤	图示
第一步：搜索设备。在 8 防区报警主机软件文件夹下，双击程序 CmsCfgPlatform.exe，进入配置程序界面，点击菜单栏的【VICTRIX】，进入设备搜索界面，点击广播搜索，搜索成功后跳出 8 防区报警主机的 IP	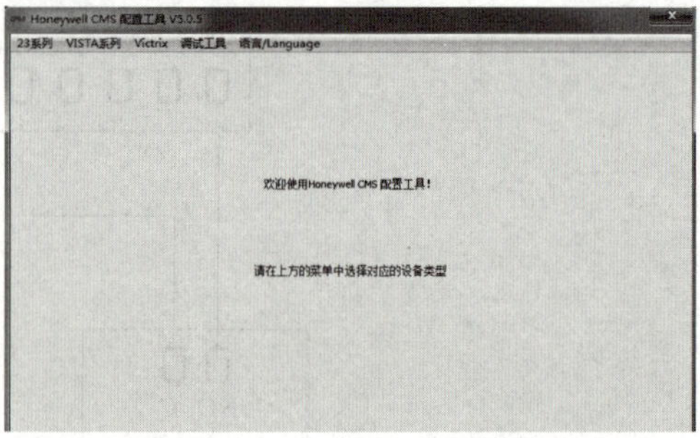 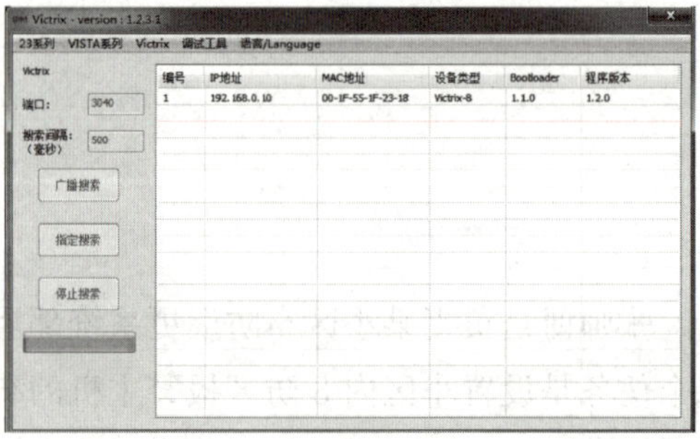
第二步：配置防区参数。在搜索界面双击跳出的 IP 地址菜单，进入网络配置界面，点击"主机配置"进入防区参数配置界面，根据需求，对布防类型、周界类型、响铃类型、防区类型进行设置，设置防区 1 为：立即防区，防区类型：常开，点击"确认"键	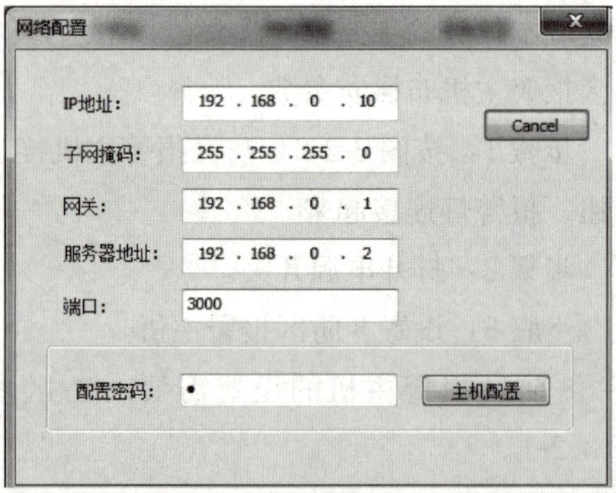

步骤	图示
	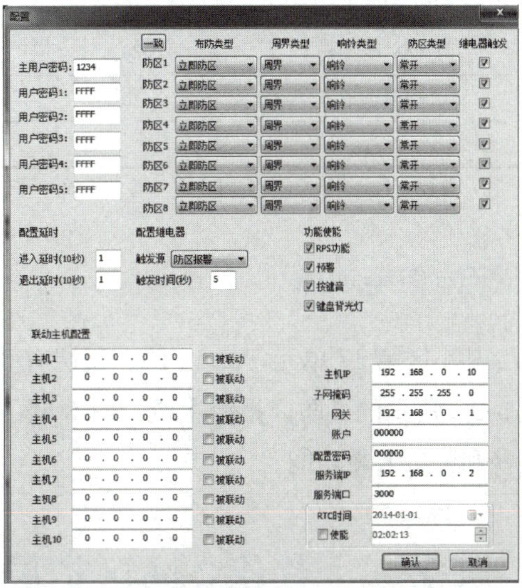
第三步：测试。在8防区报警上主机输入"1234+ON"，系统进入布防状态，布防指示灯亮，触发紧急按钮，8防区报警主机声音报警，警灯闪烁，1防区指示灯亮，恢复紧急按钮，输入"1234+OFF"，系统撤防，警灯熄灭，报警主机进入正常监视状态	

四、总结评价

1. 主题讨论

（1）在本任务实施过程中，延时报警应怎么设置？

（2）在本任务实施过程中，防区类型都有什么区别？

2. 填写评价表

根据8防区报警主机的完成情况，填写评价表3-2-2。先在所在小组内完成自评和互评，各组再选派一名同学演示，请教师给小组评分。

设置8防区报警主机防区参数实训评价表   表3-2-2

评价项目	配分	自评	组内互评	教师评分	总评
防区报警参数正确	30				
防区布撤防成功	30				

续表

评价项目	配分	自评	组内互评	教师评分	总评
工作态度	10				
安全文明操作	20				
整理场地	10				
合计					

注：总评＝自评×50％＋组内互评×30％＋教师评价×20％。

五、技能训练

某小区第 17 单元，高 14 层，每层有 3 户人家。请你作为一名智能楼宇管理员，通过图 3-2-1 所示的 8 防区报警主机，对 3 楼 1 号住户设置相应的防区报警参数，实现防盗、报警和紧急求救功能。

任务三　操作 2 防区扩展模块布撤防

一、任务描述

本任务要求完成 2 防区扩展模块的布撤防。该任务用到的器件有报警主机、液晶键盘和 2 防区扩展模块。智能楼宇管理员将上述三个器件连接后，通过液晶键盘进行编程设置，可完成 2 防区的布撤防操作。

学习目标：

1. 能完成液晶键盘和 2 防区扩展模块与报警主机的连线；

2. 能使用液晶键盘进行编程，完成 2 防区扩展模块的布撤防操作。

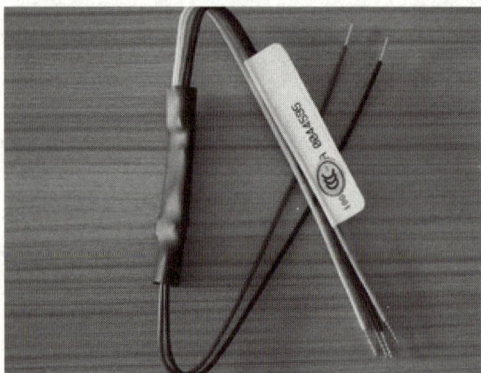

图 3-3-1　2 防区扩展模块外观图

二、学习准备

1. 2 防区扩展模块

2 防区扩展模块是具有总线通信功能的报警设备，其主要用于与远距离的防区探测器的连接，如在周界防范等场合使用。

图 3-3-1 所示为 2 防区扩展模块。它可使用由 Honeywell 控制主机提供的总线回路作防区扩展。每个防区都由一个唯一的序列号进行标识，此标识由板上的 DIP 开关来分配；环路响应时间一般为 400ms，通过 DIP 开关，可将防区响应时间设置为 10ms，使其成为

快速反应防区。此外，2 防区扩展模块还具有防拆保护，可通过板上的 DIP 开关来打开或取消其防拆保护功能。

本任务是对 Honeywell 4193SN 防区扩展模块进行编程。4193SN 防区扩展模块是 VISTA 系统的总线扩充模块，总线模块接入大型报警主机的 L＋和 L－接线端。防区扩展模块可通过模块内部的电路设置序列号、环路序列号以及是否需要防拆保护。

2. 设备的线路连接

图 3-3-2 是大型报警主机与 2 防区扩展模块的接线图，按图连接线路后，即可设置 2 防区扩展模块的布撤防。

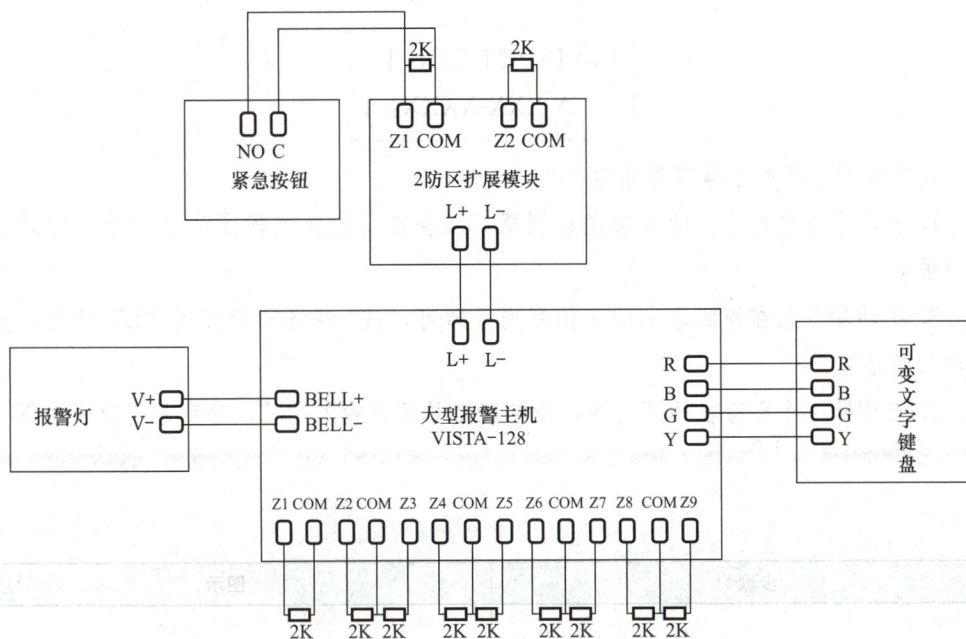

图 3-3-2　大型报警主机与 2 防区扩展模块接线图

三、任务实施

张师傅是负责某小区布防巡更系统部署任务的一名智能楼宇管理员，他在该项目的第三个任务是设置 2 防区扩展模块的布撤防。张师傅首先了解到本小区部署的是型号为 VISTA-128 大型报警主机，通过认真阅读该大型报警主机的使用说明书，张师傅提炼出了完成本任务的主要工作步骤。接下来，就让我们同张师傅一起，走进该小区，去设置 2 防区扩展模块的布撤防参数。

步骤 1：按图 3-3-2 大型报警主机与 2 防区扩展模块接线图的要求，用 3 号线将大型报警主机、2 防区扩展模块、紧急按钮、报警灯连接起来。

步骤 2：打开电源开关。

步骤3：设置2防区扩展模块编程。

2防区扩展模块的设置需要对防区参数进行设置，其中防区参数的设置步骤见表3-3-1。

> 小贴示：当使用4193SN防区扩展模块时，各个模块环路分配到一个控制主机的扩展防区。为了实现这一点，按照控制主机安装指南中的过程，分配一个模块环路的序列号到控制主机的扩展防区上，扩展防区必须编程为输入类型"6"（序列号总线环路设备），这可使控制主机接受该序列号。
>
> 当设置4193SN防区扩展模块时，会被要求输入序列号，如下图：
>
> | 010 INPUT S/N：L |
> | A XXX-XXXX：1 |
>
> 设置探测器序列号与回路号的方法：
>
> 1. 自动学习序列号：两次触发探测器，就会自动把探测器上的序列号及回路号学习进去。
>
> 2. 手动输入贴在探测器上的7位序列号即可，按＊键将光标移到"L"位置，然后输入回路号。
>
> 3. 要删除一个已存在的序列号，请在回路号位置输入"0"，序列号将改变为X。

2防区扩展模块防区参数设置步骤   表3-3-1

步骤	图示
第一步：进入编程模式。在可变文字键盘监控状态下，输入安装员码"（4140）+8000"，进入编程模式	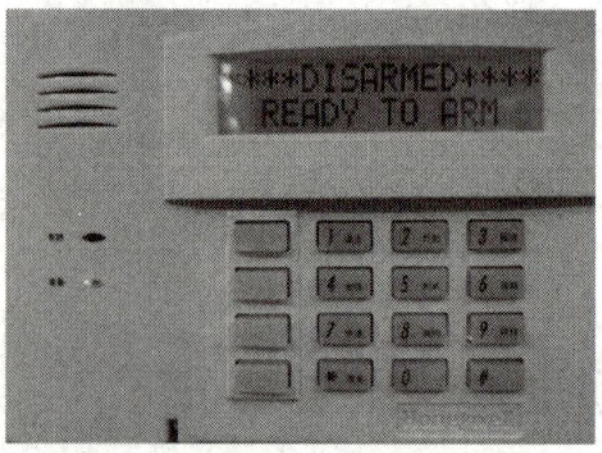 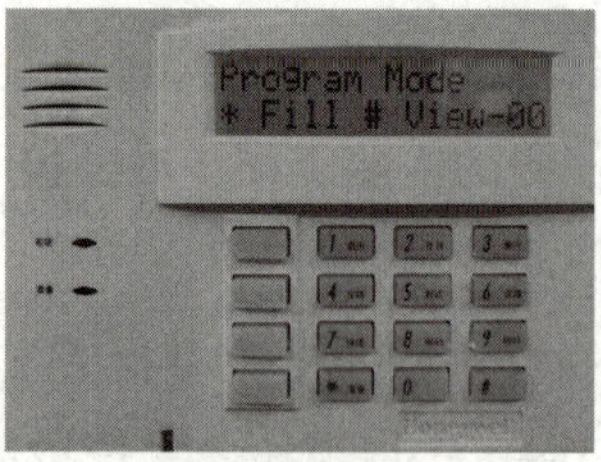

续表

步骤	图示
第二步：进入防区编程。进入编程模式后输入 "＊93" 进入菜单模式编程，连续输入两次 "1"，进入防区编程界面	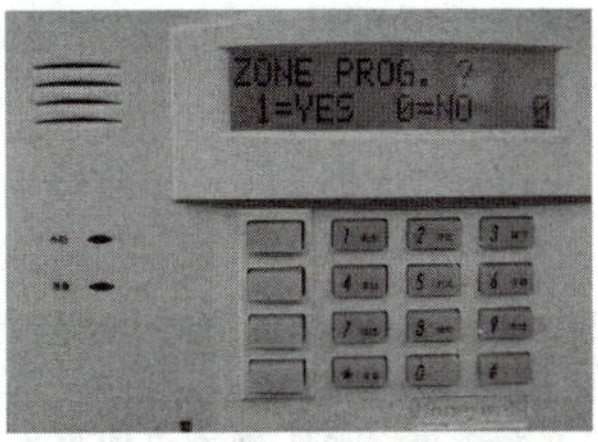 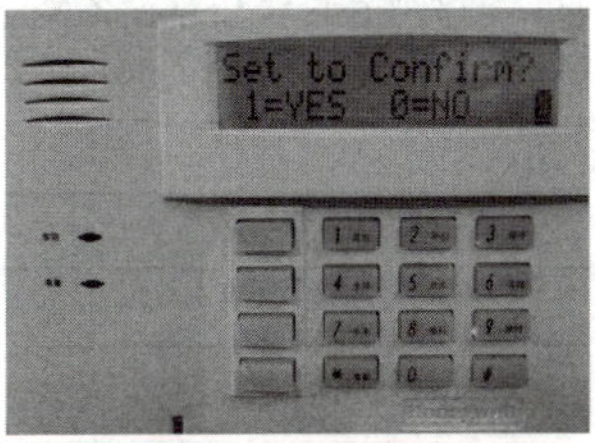 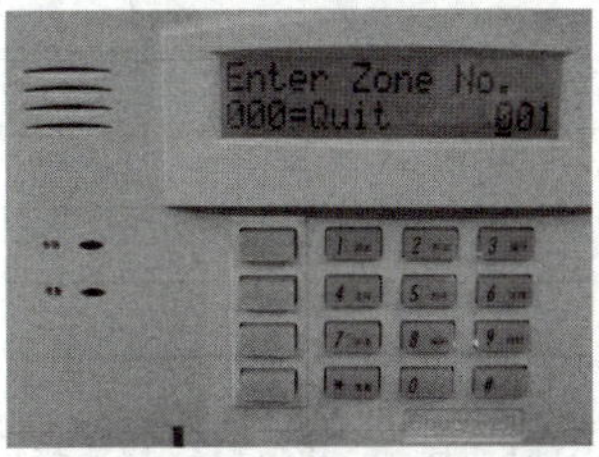
第三步：显示防区编程参数。在防区编程界面，输入 "010"（大型报警主机有 9 个防区）＋"＊"（确认键），显示 010 防区设置参数	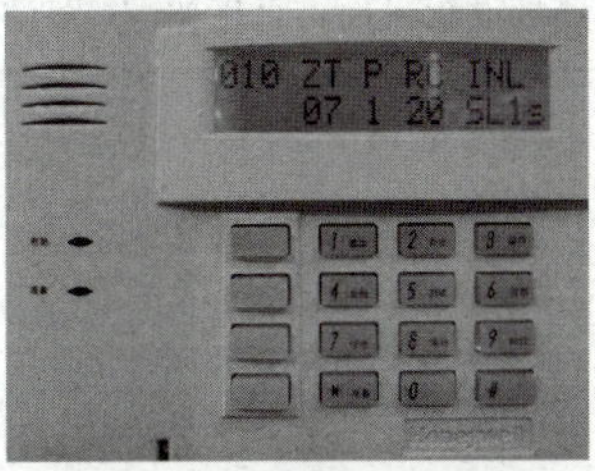
第四步：设置防区类型和子系统。在显示防区编程参数界面，按 "＊" 键进入防区类型菜单，输入防区类型：07（24h 防区），按 "＊" 键，进入子系统设置界面，输入 "1"，按 "＊" 键，进入报告码设置界面。 防区类型具体参考附录 1	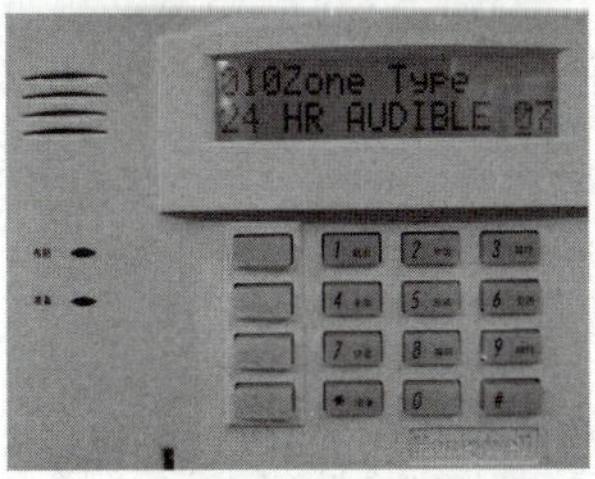 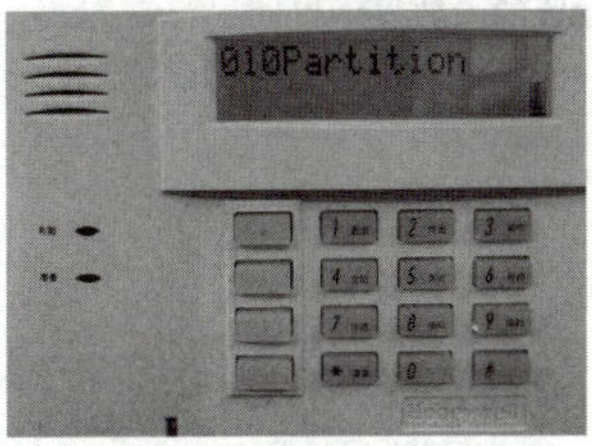

步骤	图示
第五步：设置报告码和输入类型。在报告码设置界面，连按两次"＊"键，进入输入类型设置界面，输入类型只能设为"06"（序列号总线环路设备），按"＊"键，进入防区门禁参数设置界面	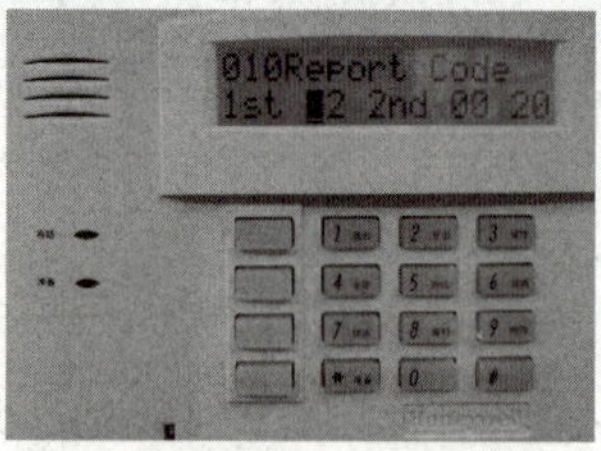 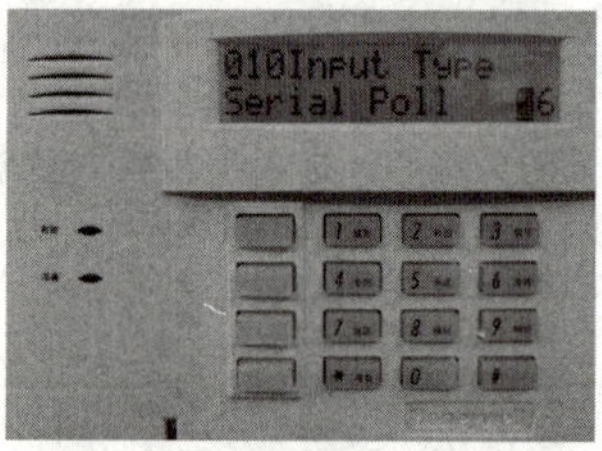
第六步：设置防区门禁参数。输入总线上的继电器"0"（使用4101SN时选择1，其他模块都选择0），按"＊"键，进入门禁号设置界面，直接按"＊"键，进入序列号输入界面	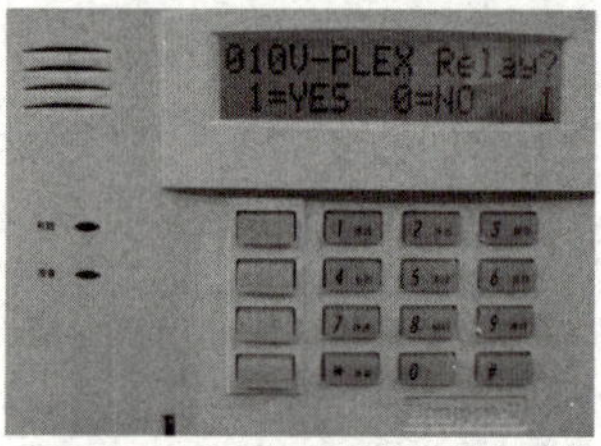 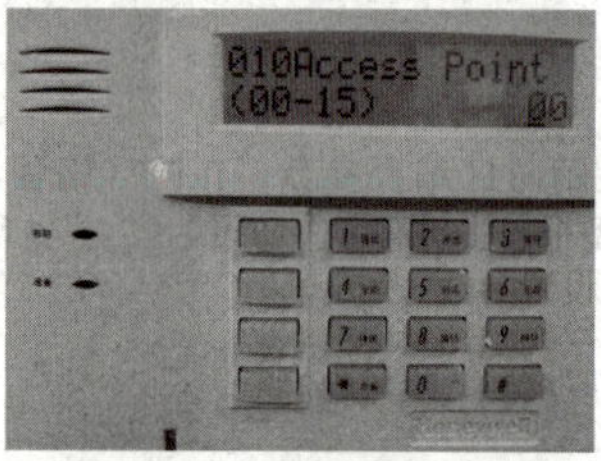
第七步：设置防区序列号。两次触发10防区探测器，报警主机会采集防区的序列号，一直按"＊"键，直到出现10防区设置的参数显示界面	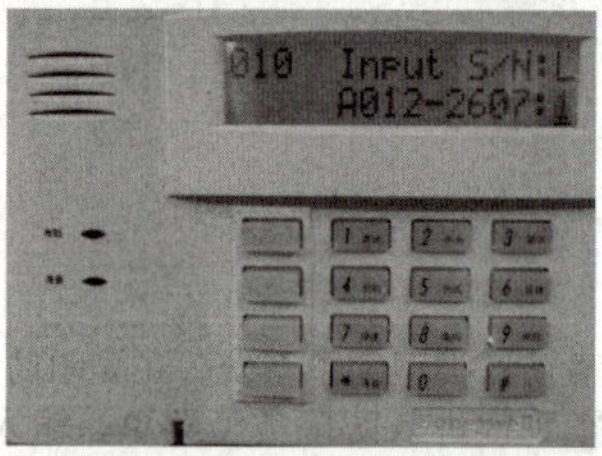 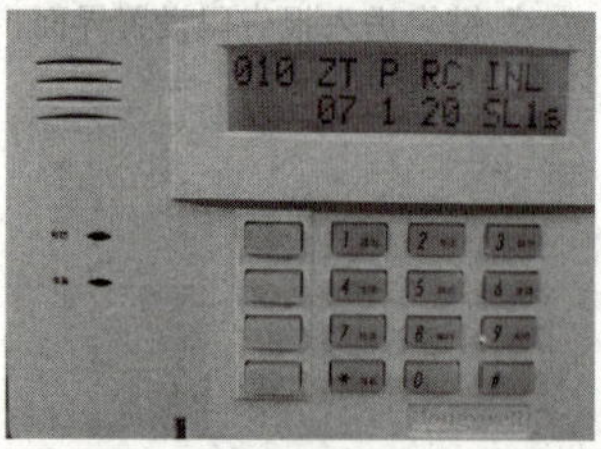

续表

步骤	图示
第八步：退出防区编程。在参数显示界面，按"＊"键，进入 011 防区进入界面，如果想编辑下一防区，则重复上述步骤。如退出，输入"000＋＊"键，确定退出输入"1"，进入编程指令界面，输入"＊99"退出编程	
第九步：测试。在报警主机未布防情况下，触发紧急按钮，警灯闪烁，液晶键盘报警，显示哪一个防区报警。恢复紧急按钮，在液晶键盘上顺序输入"1、2、3、4、1"，警灯熄灭，报警恢复	

四、总结评价

1. 主题讨论

（1）在本任务实施过程中，防区输入类型为什么一定是 06？

（2）在本任务实施过程中，2 防区序列号的其他方式采集有哪些？如何操作？

2. 填写评价表

根据大型报警主机的完成情况，填写评价表 3-3-2。先在所在小组内完成自评和互评，各组再选派一名同学演示，请教师给小组评分。

设置 2 防区扩展模块报警参数实训评价表　　　　　　表 3-3-2

评价项目	配分	自评	组内互评	教师评分	总评
2 防区报警参数正确	30				
2 防区扩展模块布撤防成功	30				
工作态度	10				
安全文明操作	20				
整理场地	10				
合计					

注：总评＝自评×50％＋组内互评×30％＋教师评价×20％。

五、技能训练

某小区第 17 单元，高 14 层，每层有 3 户人家。请你作为一名智能楼宇管理员，通过图 3-1-1 所示的大型报警主机，设置第 17 单元楼 2 防区扩展模块的报警参数。

任务四　操作继电器模块控制光报警器

一、任务描述

本任务要求完成继电器模块控制光报警器操作。该任务用到的器件有大型报警主机、液晶键盘、继电器模块和光警报器。智能楼宇管理员将上述四个器件连接后，通过液晶键盘进行编程，可完成继电器联动光报警器的操作。

学习目标：

1. 能完成液晶键盘、继电器和光报警器与大型报警主机的连线；
2. 能使用液晶键盘进行继电器编程操作。

二、学习准备

本任务主要是针对 4204 继电器模块（图 3-4-1）进行编程，包括继电器模块地址的编程以及其继电器属性的编程。电器模块属性的编程包括继电器模块的编号编程、动作方式编程、启动继电器方式编程和停止继电器方式编程等内容。

1. 4202 继电器模块

4204 继电器模块提供四个可编程的继电器输出，可与相应的控制/通信主机（4140XMPT2）配套使用。它既可装于主机箱内部，也可装在主机箱外部。当安装在外部时，有两种防拆保护，其一是盒子内的防拆开关；其二是总线的监控，当线路被剪时，主机将发出防拆警告。

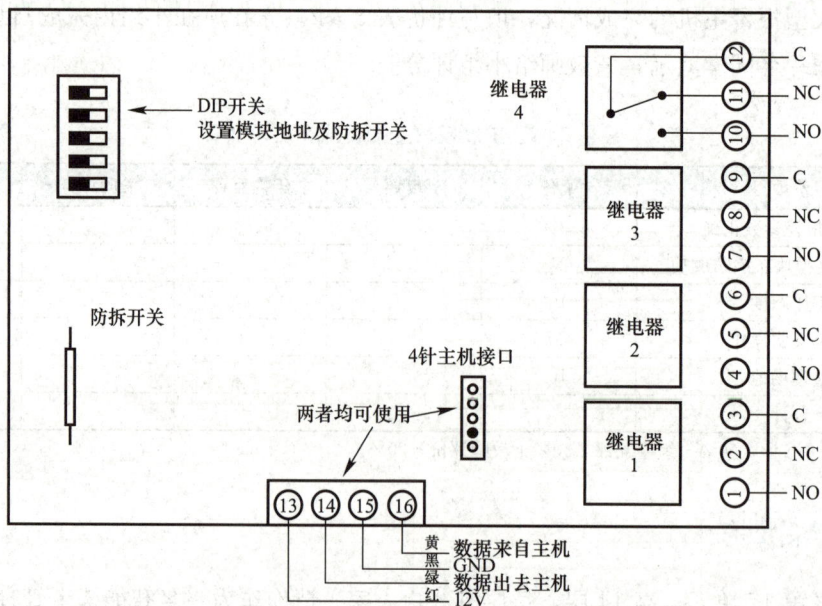

图 3-4-1　4202 继电器模块外观图

2. 继电器模块地址拨码

图 3-4-2 所示为继电器模块地址拨码表格，通过表格第 1 列 2、3、4、5 开关设置 4204 地址码，该地址码必须与主机编程相对应。

开关位置	4204地址码设置(-为OFF)															
	0	1	2	3	4	5	6	7	8	9	10	11	12	13	14	15
2	ON	-	ON	-	ON	-	ON	-	ON	-	ON	-	ON	-	ON	-
3	ON	ON	-	-	ON	ON	-	-	ON	ON	-	-	ON	ON	-	-
4	ON	ON	ON	ON	-	-	-	-	ON	ON	ON	ON	-	-	-	-
5	ON	ON	ON	ON	ON	ON	ON	ON	-	-	-	-	-	-	-	-

图 3-4-2　继电器模块地址拨码表格

3. 设备的线路连接

图 3-4-3 是大型报警主机与继电器模块的接线图，按图连接线路后，即可设置继电器模块报警参数。

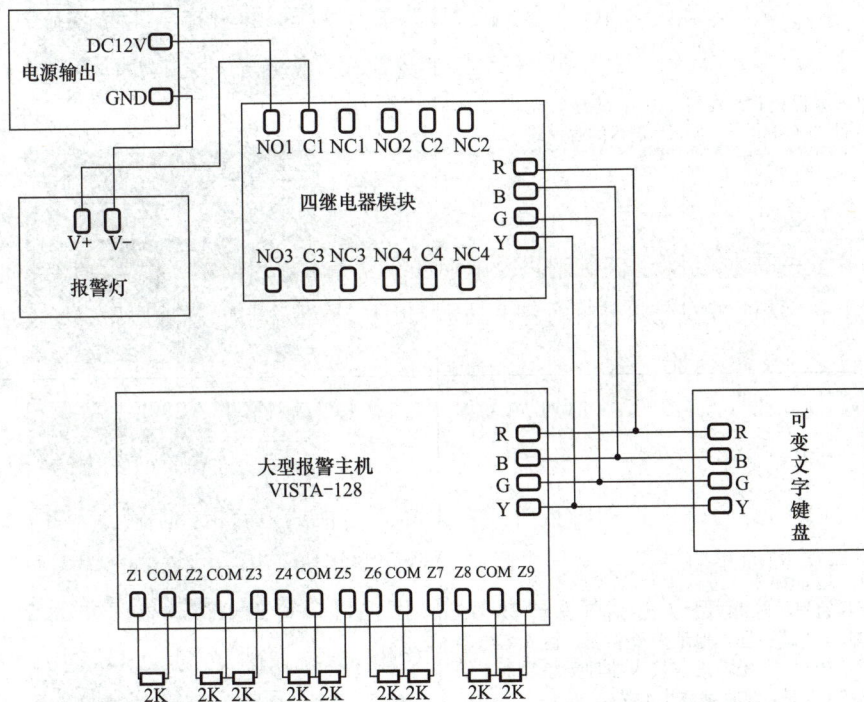

图 3-4-3　大型报警主机与继电器模块接线图

三、任务实施

张师傅是负责某小区布防巡更系统部署任务的一名智能楼宇管理员，他在该项目的第四个任务是设置继电器模块的联动报警。张师傅首先了解到本小区部署的是型号为 VIS-TA-128 大型报警主机，通过认真阅读该大型报警主机的使用说明书，张师傅提炼出了完成本任务的主要工作步骤。接下来，就让我们同张师傅一起走进该小区，去设置继电器模块的联动报警参数。

步骤 1：按图 3-4-3 大型报警主机与继电器模块接线图的要求，用 3 号线将大型报警主机、继电器模块、液晶键盘、报警灯连接起来。

步骤 2：打开电源开关。

步骤 3：设置继电器模块编程。

大型报警主机的设置需要分别对继电器设备地址编程和属性编程，其中地址编程步骤见表 3-4-1，属性编程步骤见表 3-4-2，测试编程见表 3-4-3。

继电器模块地址编程设置步骤　　　　　　表 3-4-1

步骤	图示
第一步：进入编程模式。在可变文字键盘监控状态下，输入安装员码"（4140）+8000"，进入编程模式	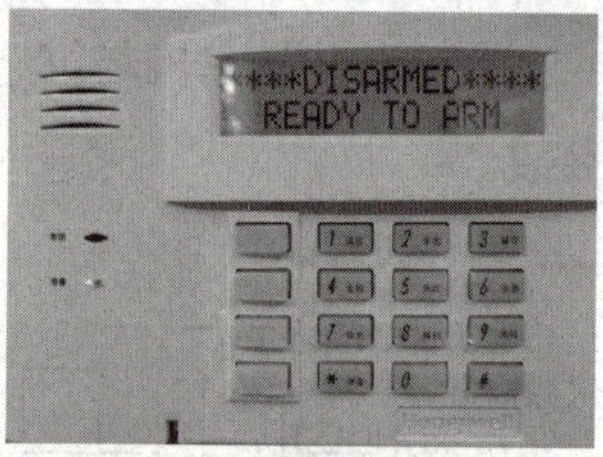 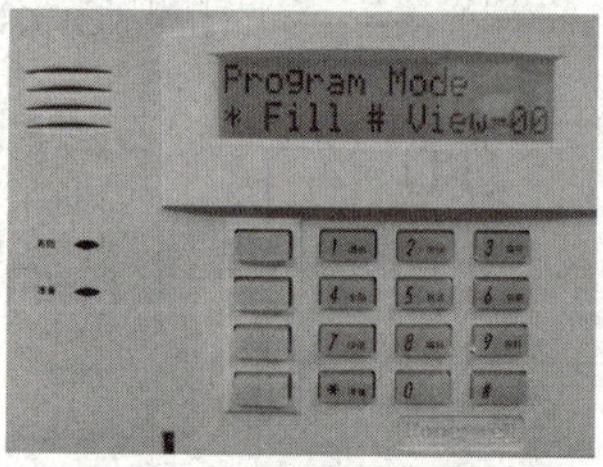
第二步：进入地址编程。进入编程模式后输入"＊93"进入菜单模式编程，连续按"＊"键，直到显示"Device PROG?"，输入"1"，进入地址编程界面，输入继电器的地址：02，按"＊"键，进入接入器件类型界面，输入：04，按"＊"键，进入参数显示界面	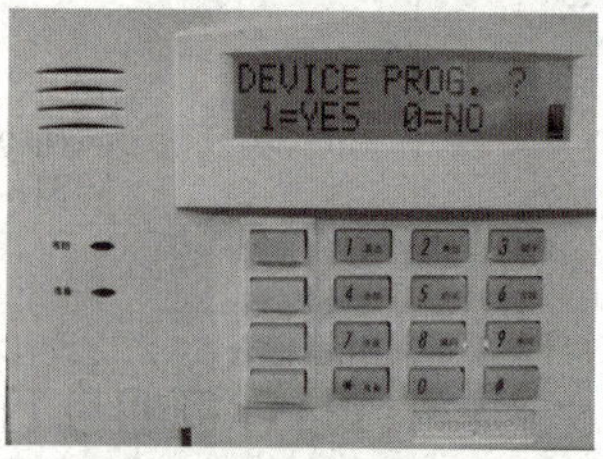 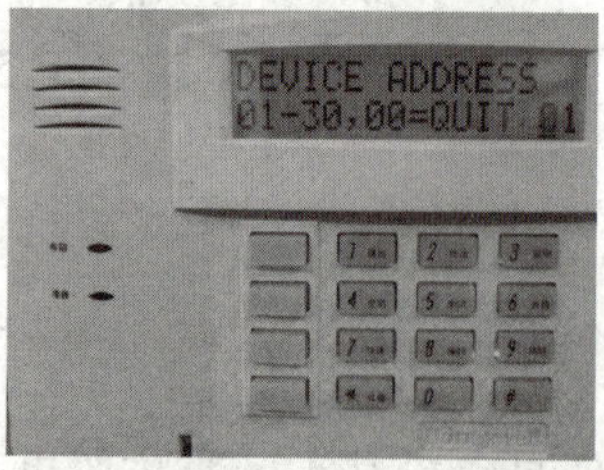

续表

步骤	图示
	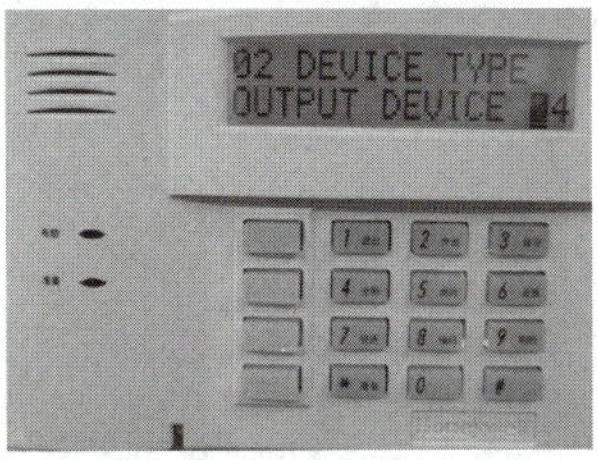
第三步：退出地址编程。在参数显示界面，按"＊"键，进入03地址编程界面，如果想编辑下一地址，则重复上述步骤。如退出，输入"00＋＊"键，确定退出输入"1"，进入编程指令界面，输入"＊99"退出编程	 

继电器模块属性编程设置步骤　　　　　　　　　　表 3-4-2

步骤	图示
第一步：进入编程模式。在可变文字键盘监控状态下，输入安装员码"（4140）＋8000"，进入编程模式	 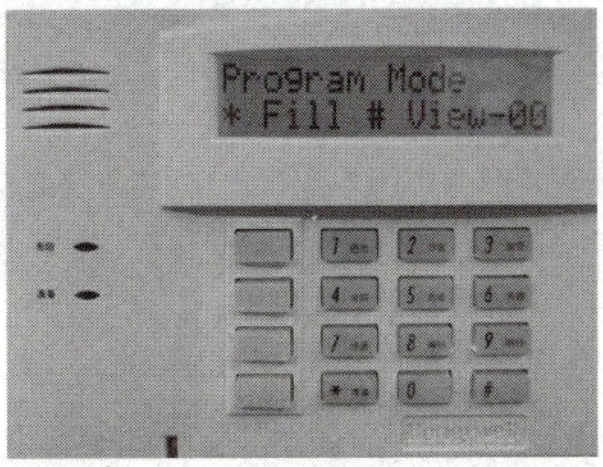

续表

步骤	图示
第二步：进入继电器编号编程。进入编程模式后输入"*93"进入菜单模式编程，连续按 0 键，直到显示"Output PGM?"，输入"1"，进入继电器编号编程界面，输入继电器编号"01"（只有 1 个继电器），连续按*键，直到显示"01 OUTPUT ACTION"，输入"2"（继电器的动作方式常闭），按*键，进入驱动继电器的事件类型界面	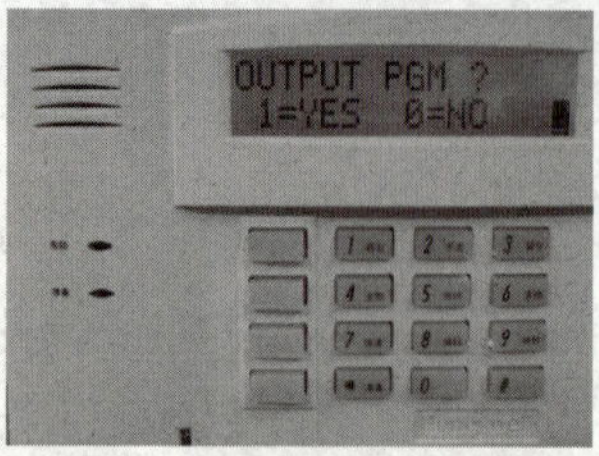 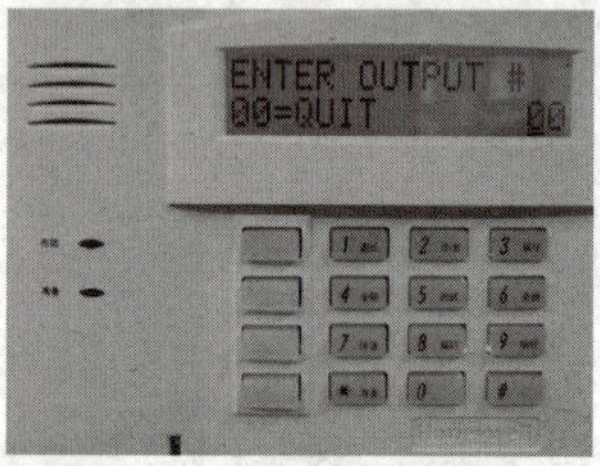 
第三步：进入停止继电器防区类型编程。进入驱动继电器的事件类型界面后输入1，一直按*键，直到显示停止继电器防区类型编程界面，输入"22"，按*键，进入要操作的子系统，输入"1"，一直按*键，直到显示"ZN 602 02"	 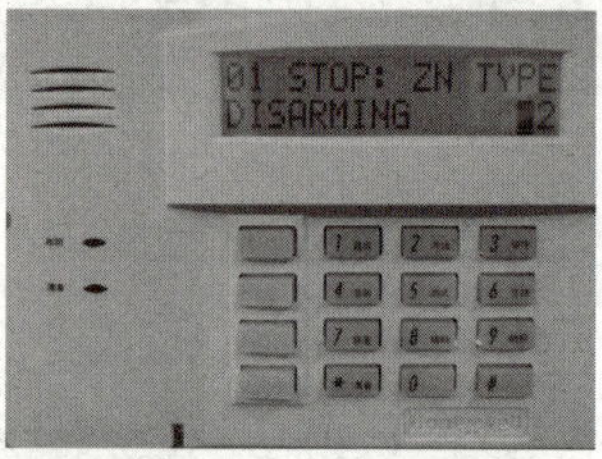 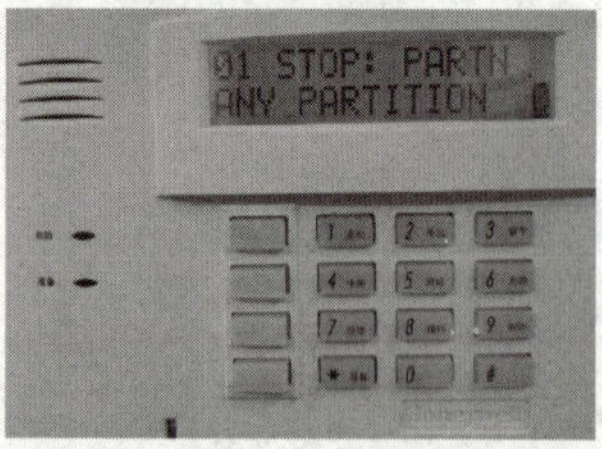

续表

步骤	图示
	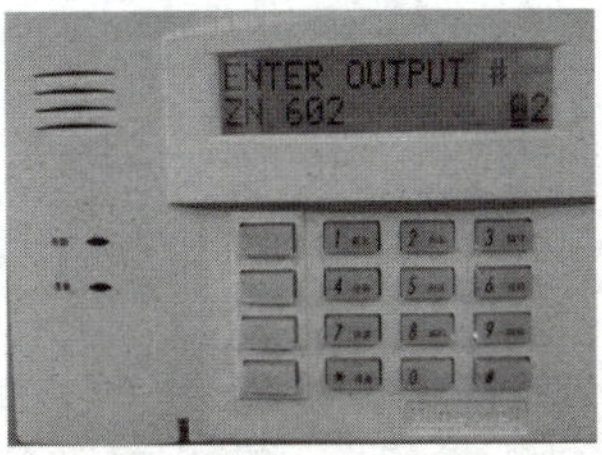
第四步：退出地址编程。在上述界面，输入"00＋＊"键，确定退出输入"1"，进入编程指令界面，输入"＊99"退出编程	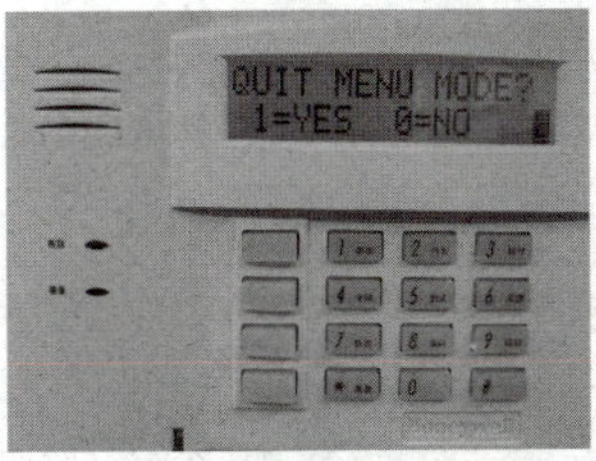

测试编程设置步骤 表 3-4-3

步骤	图示
第一步：进入继电器模块。在可变文字键盘监控状态下，输入"1234＋♯＋70"，进入继电器模块	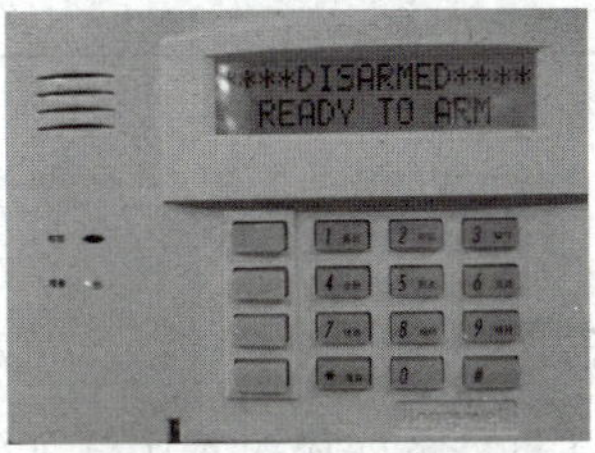
第二步：启动继电器 01。输入将要操作的继电器号"01"，进入启动界面，输入"1"，1 号继电器动作，光报警器闪烁	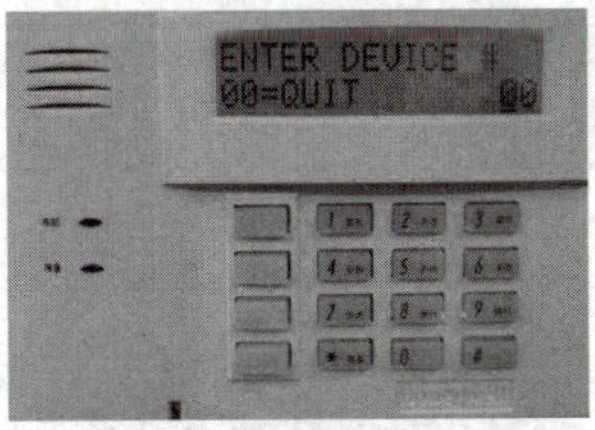 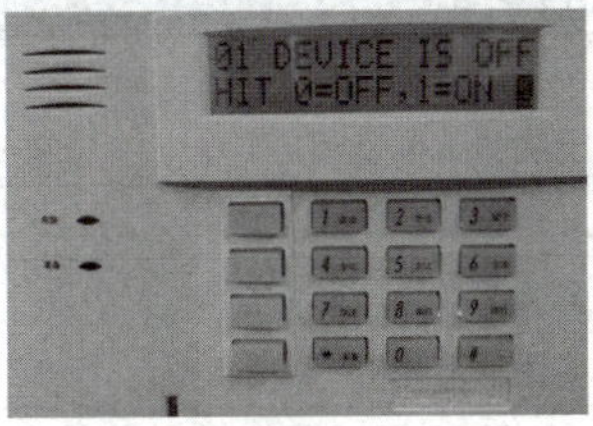

续表

步骤	图示
第三步：复位继电器。在右侧界面，按 * 键，输入 "01"，再输入 "0"，1 号继电器复位，光报警器停止闪烁	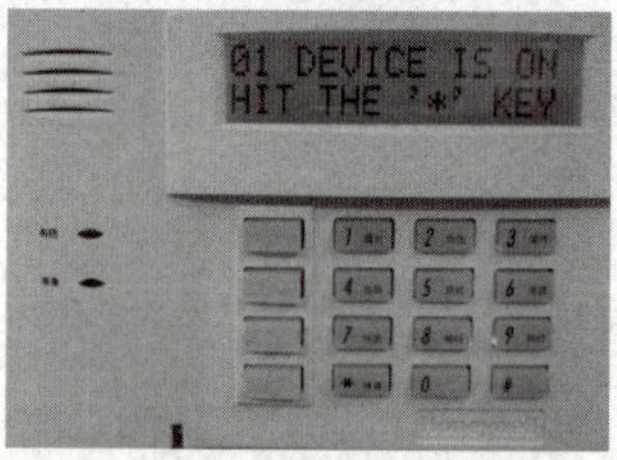  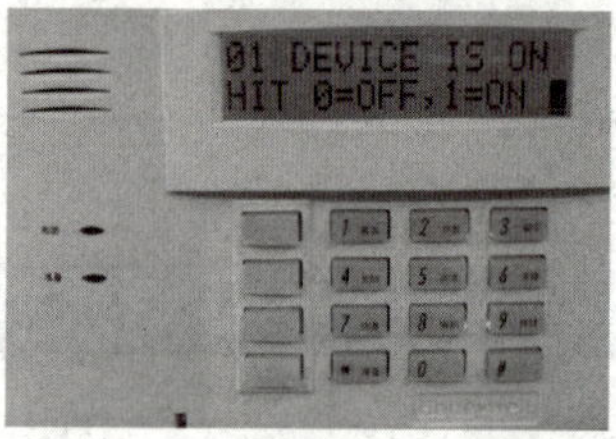

四、总结评价

1. 主题讨论

（1）在本任务实施过程中，如何修改继电器模块地址？

（2）在本任务实施过程中，如何联动其他三路继电器？

2. 填写评价表

根据大型报警主机的完成情况，填写评价表 3-4-4。先在所在小组内完成自评和互评，各组再选派一名同学演示，请教师给小组评分。

设置 4202 继电器模块联动报警参数实训评价表   表 3-4-4

评价项目	配分	自评	组内互评	教师评分	总评
四继电器模块报警参数正确	30				
四继电器模块测试报警成功	30				
工作态度	10				
安全文明操作	20				
整理场地	10				
合计					

注：总评＝自评×50％＋组内互评×30％＋教师评价×20％。

五、技能训练

某小区第 17 单元，高 14 层，每层有 3 户人家。请你作为一名智能楼宇管理员，通过图 3-1-1 所示的大型报警主机，对第 17 单元楼设置 4202 继电器模块的联动报警参数。

任务五　操作巡更软件设置

一、任务描述

本任务要求完成巡更软件的设置。该任务用到的器件有巡更采集器、巡更变送器、信息按钮和加密狗。巡更采集器采集数据后，通过巡更变送器传输至 PC。智能楼宇管理员通过巡更软件设置巡更计划，安保人员根据巡更计划，实施巡更任务。

学习目标：

1. 能够制定一条巡更路线；
2. 能够按巡更计划实施。

二、学习准备

1. 巡更

巡更是小区安防的主要措施之一。所谓巡更，就是智能楼宇管理员事先根据安防需要，将巡更点放在巡逻路线的关键点上，保安在巡逻的过程中，用随身携带的巡更棒，先读取自己的人员点，然后再按巡更线路顺序读取巡更点信息（在读取巡更点的过程中，如发现突发事件，可随时读取事件点）。保安利用巡更棒，将巡更点编号及读取时间保存为一条巡逻记录，并定期用通信座将巡更棒中的巡逻记录上传到计算机中。巡更管理软件将事先设定的巡逻计划，同实际的巡逻记录进行比较，就可得出巡逻漏检、误点等统计报表。通过这些报表，智能楼宇管理员可以了解到巡逻工作的实际完成情况。

其基本的原理就是在巡查线路上安装一系列代表不同位置点的射频卡（又称感应卡或信息钮，其有固定的不同卡号），巡查到各点时，巡查人员用手持式巡更棒读卡，把代表该点的卡号和时间及情况同时记录下来。巡查完成后，巡更棒通过通信座把数据传给计算机软件处理，就可以对巡查情况（人员、地点、时间、情况等）进行记录和考核，实现人员的科学化管理。

2. 巡更采集器和巡更变送器

图 3-5-1 所示为 TP-128EX 巡更采集器。它作为一种便携式数据采集器，只要轻触一下信息芯片（如 DS1990A-F5），便可将信息芯片的编号准确无误地读入采集器，并精确地

记录下读取该点的时间（精确到秒）并存贮在采集器内。凭借巡更采集器（TP-128EX）的超大存储容量，用户可选择在适当的时间，通过巡更变送器（图 3-5-2）将巡更采集器内的记录下载到电脑内。通过配套巡更系统软件（如 GRT-7700B），用户可随时掌握有关巡检的详细资料。图 3-5-3 所示为巡更系统示意图。

图 3-5-1　巡更采集器外观图　　　　　图 3-5-2　巡更变送器外观图

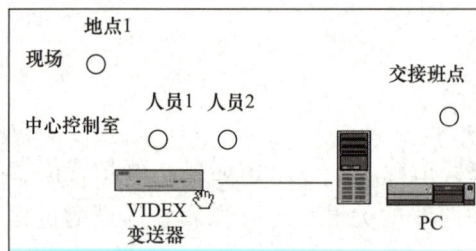

图 3-5-3　巡更系统示意图

三、任务实施

张师傅是负责某小区布防巡更系统部署任务的一名智能楼宇管理员，他在该项目的第五个任务是通过巡更软件设置巡更方案。张师傅首先了解到本小区部署的是 VIDEX 接触式电子巡检系统，通过认真阅读该巡更系统的使用说明书，张师傅提炼出了完成本任务的主要工作步骤。接下来，就让我们同张师傅一起，走进该小区去操作巡更软件的设置。

步骤 1：拿起巡更采集器在巡更按钮上依次点击一下，插入巡更变送器。

步骤 2：打开电源开关。

步骤 3：设置巡更软件。

巡更软件的设置需要对班次、巡更点等设置，具体设置步骤见表 3-5-1。

小贴示：电子巡更系统软件设置步骤：

进行系统参数设置 → 进行班次设置 → 采集数据，进行新点设置

→ 进行交接班点设置 → 进行工作人员设置 → 进行巡更点设置

→ 设置完毕

巡更软件参数设置步骤   表 3-5-1

步骤	图示
第一步：进入电子巡更系统。双击桌面的 VIDEX 电子巡更系统图标，打开电子巡更系统软件。输入用户名：admin，密码：admin，点击"确定"进入电子巡更系统软件主界面	 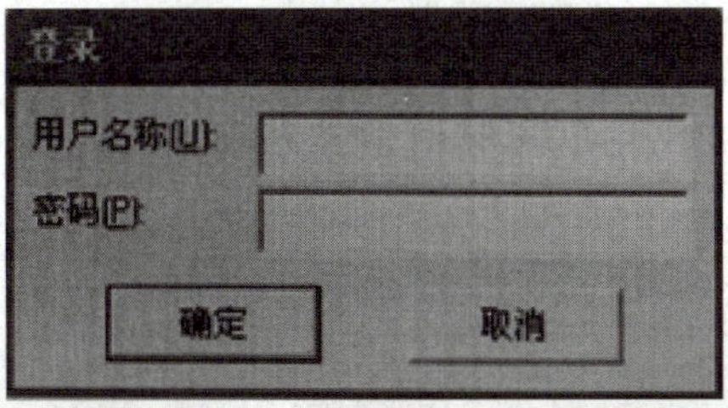
第二步：系统参数设定。在电子巡更系统主界面，点击顶部菜单系统参数设定菜单，选择 COM 端口，这是巡更数据采集器与电脑连接的通信口，点击"保存"键退出	 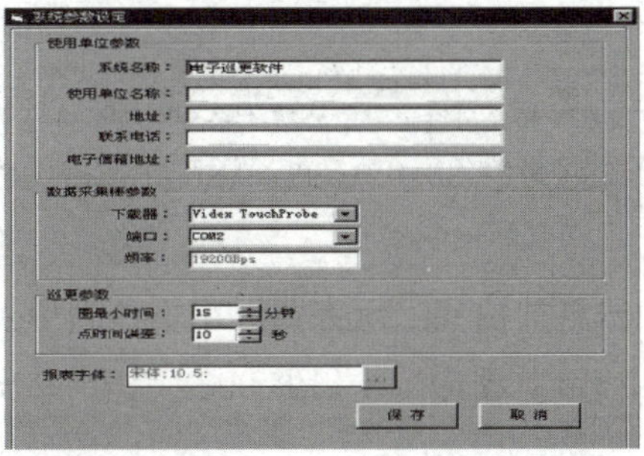

续表

步骤	图示
第三步：班次设置。点击顶部菜单班次设置菜单，对保安人员日常巡更的班次进行设置。例如早班 7：00～16：00，中班 16：00～22：00，夜班 22：00～7：00。先点击"添加"按钮，输入班次名称，然后移动鼠标将光标移到"起始时间"栏点击输入班次开始时间，最后把光标移到"终止时间"点击输入结束时间，输入完毕后，按"Enter"（回车键）确认。编号栏不用设置，软件会自动填充。重复以上步骤，设置其他班次。点击"返回"键退出	 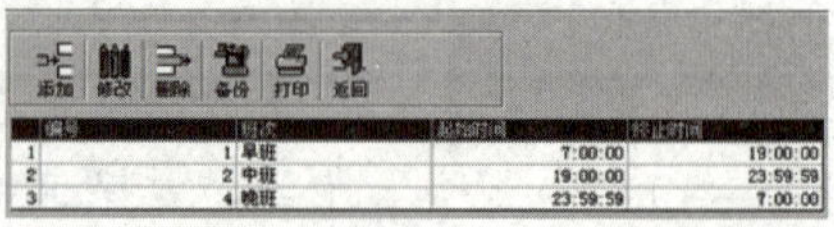
第四步：新点设置。在电子巡更系统主界面，点击左侧菜单数据采集，将采集器内的数据输入软件，采集完毕后会跳出提示框，点击"确定"键退出。点击顶部菜单新点设置菜单，左侧为新采集的信息点，按实际采点顺序，选择对应的信息点类型，例如我们想先设置巡更员，选择巡更员，再点击下面第二个按钮》，最后按"应用"键。其他类信息点设置时请按照巡更员设置依次设置，最后点击"确定"键退出	 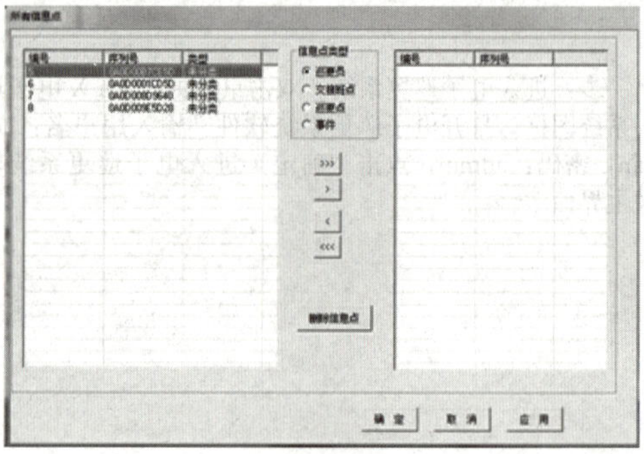
第五步：交接班点设置。在电子巡更系统主界面，点击顶部菜单交接班点设置菜单，按"修改"按钮进行修改，用鼠标点击"交接地点"栏，输入交接点名称：1栋，按"Enter"（回车键）确定，最后点击"返回"键退出	 
第六步：工作人员设置。在电子巡更系统主界面，点击顶部菜单工作人员设置菜单，按"修改"按钮进行修改，编辑工作人员姓名，最后点击"确定"键，按"退出"键退出	 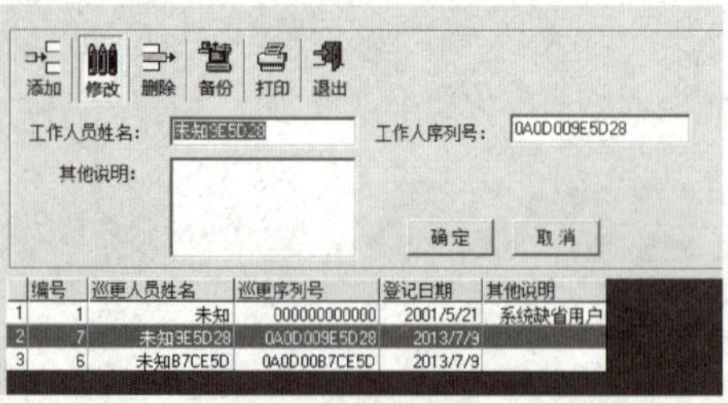

续表

步骤	图示
第七步：巡更点设置。在电子巡更系统主界面，点击顶部菜单巡更点设置菜单，在右上方选择"交接班点下拉按钮"，选择交接班点，就可以切换到不同的交接班点下查看各巡更点。然后按"修改"按钮，再用鼠标选取巡更地点：1楼，最后按"Enter"（回车键）确认，按"退出"键退出	 巡更点设置 
第八步：巡更点采集。用信息采集器按右侧示意图采集所有的巡更点	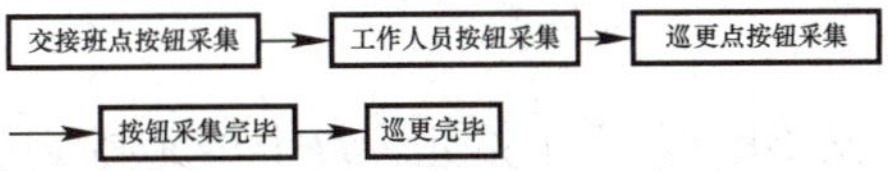
第九步：进行数据分析。将信息采集器放入变送器中，进行数据采集，点击左侧菜单"数据分析"按钮，再按具体的采集时间进行数据分析	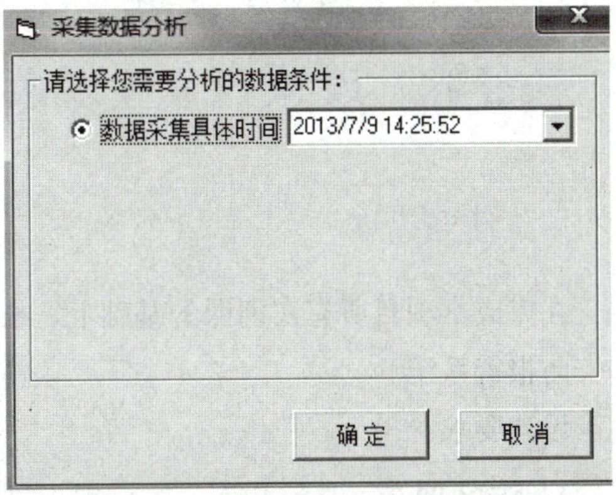 

四、总结评价

1. 主题讨论

（1）在本任务实施过程中，如何查询变送器和电脑的通信端口？

（2）在本任务实施过程中，设置参数的先后顺序可以调换吗？

2. 填写评价表

根据巡更软件设置的完成情况，填写评价表 3-5-2。先在所在小组内完成自评和互评，各组再选派一名同学演示，请教师给小组评分。

巡更软件参数设置实训评价表　　　　　　　　　　表 3-5-2

评价项目	配分	自评	组内互评	教师评分	总评
巡更软件参数设置正确	30				
巡更计划采集成功	30				
工作态度	10				
安全文明操作	20				
整理场地	10				
合计					

注：总评＝自评×50%＋组内互评×30%＋教师评价×20%。

五、技能训练

某小区有 17 个单元，每个单元高 14 层，每层有 3 户人家。请你作为一名智能楼宇管理员，通过图 3-5-1 所示的巡更采集器，在巡更系统软件中对小区设置巡更方案。

任务六　设计一个应用系统

一、任务描述

在完成本项目所有实训课的基础上，根据下列设计要求，自己组建一个具有特定功能的安防报警系统。

设计要求：

1. 防区要求

(1) 防区 1 为火警防区；

(2) 防区 2 为 24 小时无声防区；

(3) 防区 3 为周边防区；

(4) 防区 5 为出入口防区；

(5) 防区 6 为日夜防区；

(6) 防区 7 为布撤防开关；

(7) 防区 4、8、9 均无。

2. 总线扩展 2 个防区

3. 设置 2 防区联动声光报警器

4. 监控中心监视报警主机

二、学习目标

1. 熟悉和了解整套安防报警系统；

2. 培养自己的动手能力和创造力。

三、任务实施

1. 请根据任务要求，列出所需的实训设备和材料

（1）实训设备

序号	设备名称	型号	数量
1			
2			
3			
4			
5			
6			

（2）实训材料

序号	材料名称	规格	数量
1			
2			
3			
4			
5			
6			

2. 请画出系统接线图

3. 请按照以下操作步骤，完成本实训任务

（1）系统接线；

（2）防区编程；

（3）总线扩展编程；

（4）继电器联动编程；

（5）监控中心配置；

（6）功能演示。

附录 1

1. 防区类型

（1）0 型　无用

本防区不使用。

（2）1型　出入口防区1型窃警类型

用于主要入口/出口路线（例如正门，主要入口）。该防区在布防后外出延时结束时生效。在触发该防区时，进入延时，必须在延时结束前对系统撤防，否则会发出报警。控制器会在进入延时时间里发出蜂鸣（作为撤防系统的提示信号）。延时时间通过＊09和＊10项设定。

（3）2型　出入口防区2型窃警类型

用于非主要入口/出口路线（例如后门，车库入口）。该防区工作情况与1型一样，但延时时间需要设置比1型长些。延时时间通过＊11和＊12项设定。

（4）3型　周边防区窃警类型

用于外部门或窗，在遭到破坏时立即做出紧急报警，没有延时。

（5）4型　内部防区窃警类型

用于出入防区首先触发而需要进入延时的地方。多设在休息室或大厅内（如移动探测器），这是用户用键盘对系统撤防的必经之处。如果出入防区未首先触发，该防区触发后会立即报警，如在系统布防前在厅内躲藏或试图通过未设防区域到达厅内的闯入者。该防区的延时时间与出入防区一致。

（6）5型　日夜防区窃警类型

用于装有薄箔保护的门、窗（如商店），或"敏感"地区，如商品库、药品仓库等，或者其他需要密切注意入口的控制进入区，也用于探头防拆。在撤防状态下（白天）触发该防区键盘会发出快速蜂鸣并显示防区号与检查显示（如果需要可向中心站报告），用于破门而入或其他事故（如传感器失灵或薄箔门破碎）。布防状态下（夜晚），触发该防区会触发警报，控制键盘和外部警号会发出警报，通信设备也会报告警情。

（7）6型　24小时无声报警

该防区类型一般使用于紧急按钮（例如银行、珠宝柜台），它可触发警报并报送到中心站，但是该防区号不会显示在键盘上，也不会发出警报声响，仅仅会发出编程通信报告。该防区不受撤、布防影响。

（8）7型　24小时有声报警

该类型常使用于紧急按钮，它除向中心站发出警报外，还形成有声警报（例如床边应急报警）。该类型防区遇情况会引发外接警号警报，在键盘报警及显示，以及编程通信报告，该防区不受布、撤防影响。

（9）8型　24小时辅助报警

该类型用于个人突发事件使用的紧急按钮或各类紧急事件，诸如水传感器、温度传感器等。可以向中心站报警，在控制器仅提供键盘有声报警和警报显示，而外接警号不发声。该类型防区遇情况会在控制键盘发出稳定的报警音响、报警显示和编程通信报告。该防区不受撤布防影响。

（10）9型　火警防区

用于装有烟雾探测器、热探测器的24小时设防的区域。防区触发会发出火警信号，键盘显示防区号并触发外接警号发声，同时向中心站报告。该防区不受撤布防影响。

（11）10 型　内部防区（延时）窃警类型

该型与 4 型相似，只是不论出入防区是否首先发现情况，都从该防区传感器被触发时开始提供进入延时，不马上触发报警。也提供外出延时。

（12）19 型　24 小时故障

此类型防区开/短路将导致一故障，外部警号不发声。

（13）20 型　留守布防

触动该防区则设置主机进入留守布防状态。一般用于无线按钮类型探头作为遥控器用。

（14）21 型　外出布防

触动该防区则设置主机进入外出布防状态。一般用于无线按钮类型探头作为遥控器用。

（15）22 型　撤防

触动该防区则将主机撤防或取消报警。一般用于无线按钮类型探头作为遥控器使用。

（16）23 型　无报警

触动该防区主机不会发出任何动作，但配合继电器可作为继电器的驱动方式以达到遥控的目的。一般用于无线按钮类型探头作为遥控器使用。

（17）27 型　门禁点

用于请求 ACS 开门的防区。

（18）28 型　主逻辑板（MLB）监视

若 MLB 和 VGM 间的通信中断，将在报警主机键盘上显示"CHECK"该防区，同时若此防区失效，所有的 ACS 输入防区显示"CHECK"。

附录 2

防区输入类型

输入类型 01	主机电路板上的常规接线防区 Hardware（001～009）
输入类型 03	受监控无线（RF Xmitter）
输入类型 04	不受监控无线（Unsupevsd）
输入类型 05	无线按钮（Button RF）
输入类型 06	序列号总线（Seriel Poll）
输入类型 07	双向开关式总线

项目 四
视频监控系统操作与实训

闭路电视监控系统（Closed-Circuit Television，CCTV）是安全技术防范体系中的一个重要组成部分，是一种先进的、防范能力极强的综合系统，它可以通过遥控摄像机及其辅助设备（镜头、云台等）直接观看被监视场所的一切情况。同时，电视监控系统还可以与防盗报警系统等其他安全技术防范体系联动运行，形成更强的防范能力。

闭路电视监控系统的发展经历了三个主要阶段：

第一阶段：模拟监控系统。视频以模拟方式，采用同轴电缆进行传输，并由控制主机进行模拟处理。

第二阶段：半数字监控系统。视频以模拟方式，采用同轴电缆进行传输，由多媒体控制主机或硬盘录像主机进行数字处理与储存。

第三阶段：全数字监控系统。视频从前端图像采集设备输出时即为数字信号，并以网络为传输媒介，基于国际通用的 TCP/IP 协议，采用流媒体技术实现视频在网上的多路复用传输，并通过设在网上的网络虚拟（数字）矩阵控制主机（IPM）来实现对整个监控系统的指挥、调度、储存和授权控制等功能。

本项目共包含 7 个工作任务，如图 4-1-0 所示。通过这 7 个工作任务的实施，学生可以掌握 RJ45 跳线的制作、IP 通道配置、控制高速球、网络录像机录像、网络录像机报警联动、拾音器的连接与使用等技能。

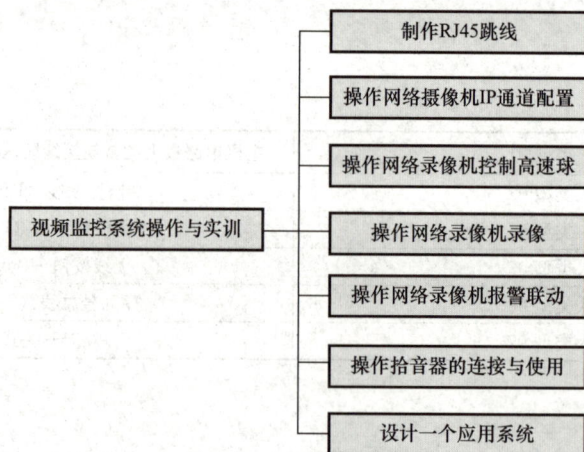

```
                                    ┌─ 制作RJ45跳线
                                    │
                                    ├─ 操作网络摄像机IP通道配置
                                    │
                                    ├─ 操作网络录像机控制高速球
                                    │
             视频监控系统操作与实训 ──┼─ 操作网络录像机录像
                                    │
                                    ├─ 操作网络录像机报警联动
                                    │
                                    ├─ 操作拾音器的连接与使用
                                    │
                                    └─ 设计一个应用系统
```

图 4-1-0　项目四任务导引图

任务一　制作 RJ45 水晶头

一、任务描述

本任务要求完成 RJ45 跳线的制作。该任务用到的工具有 RJ45 压线钳、网线测试仪。智能楼宇管理员通过使用压线钳，可以制作不同标准的 RJ45 水晶头，并通过网线测试仪检查 RJ45 水晶头是否制作成功。

学习目标：

1. 了解 RJ45 水晶头的结构以及制作方法；
2. 熟练掌握网线测试仪的使用。

二、学习准备

> 你知道吗？
>
> 行业标准《安全防范高清视频监控系统技术要求》GA/T 1211—2014 规定了视频监控系统的技术要求和检验方法，是设计、制造、检验视频监控系统的基本依据。作为一名未来的智能楼宇管理员，你应该通过互联网查阅一下此标准，以了解更多的相关知识。

1. RJ45 水晶头

RJ45 接口通常用于数据传输，最常见的应用为网卡接口。RJ45 水晶头是各种不同接头的一种类型。根据线芯的排序不同，RJ45 水晶头有两种排线方式，如图 4-1-1 所示。

（1）直通线（T568B）：白橙、橙、白绿、蓝、白蓝、绿、白棕、棕；

（2）交叉线（T568A）：白绿、绿、白橙、蓝、白蓝、橙、白棕、棕。

2. 压线钳

图 4-1-2 所示为压线钳。压线钳在水晶头的制作过程既可用来剥线，又可用来压线。大致过程是这样的：首先，用压线钳把网线外皮剥去（注意不要把里面的线芯切断）。剥去线皮后就露出了 8 根双双绞在一起的四对线，将每对线分开，按标准顺序（如 T568A 或 T568B）排列好。其次，将线排成一排用手指夹住拉直，插入到水晶头里（注意：要让每条线的线头都能接触到水晶头的金属脚上）。最后，把线连同水晶头插到压线钳的压线口（注意：不要让线脱离出来），用力压下压线钳。一般质量好的水晶头在压下的时候，有"嘀"的一声，那就是压好了。质量一般的水晶头只能用力压，压好后用手轻拉线，如果能拉出来就是没有压好，中力拉不出来就算接好了。然后将两头接好水晶头的网线用网线测试仪测试连通状况。

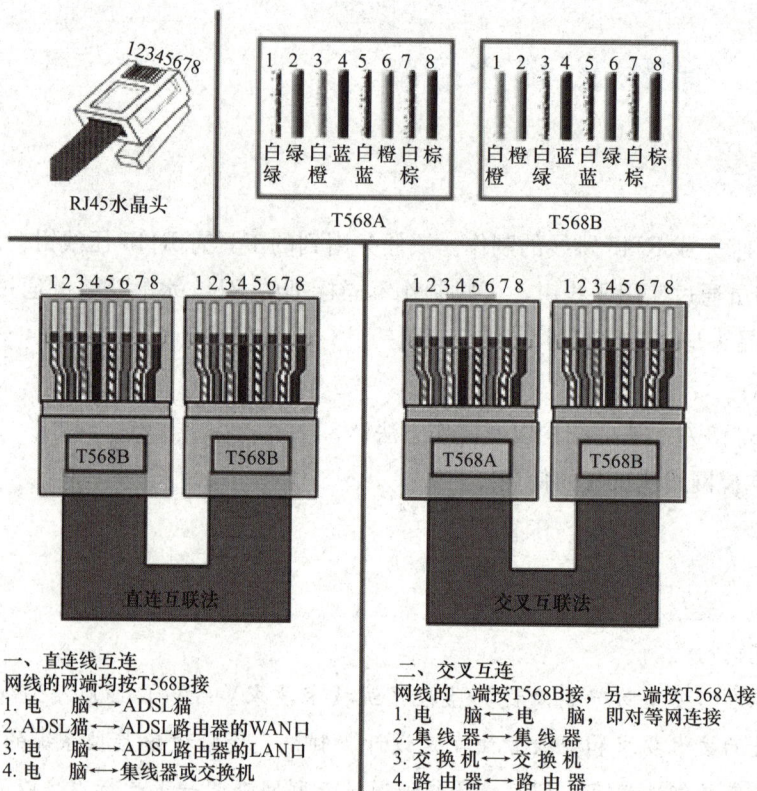

图 4-1-1　RJ45 水晶头排线图

3. 网线测试仪

图 4-1-3 所示为网线测试仪。网线测试仪是用来测试判断一根网线连通性是否完好的常用工具。网线测试仪有两个端口，一个是主测试端，另一个是远程测试端。使用的时候要分别将网线一头插入到主测试端口，另一头插入到远程测试端，然后观察主测试端上的

图 4-1-2　压线钳

图 4-1-3　网线测试仪

1～8 指示灯亮不亮，还要注意观察灯的顺序是否正确。比如：主测试端上的 1 灯亮，那么远程测试端上的 1 灯也应该亮，如果远程测试端上的 2 灯亮了，那说明网线连接有问题，不能正常使用。8 个灯中，要是 1，2，3，6 灯亮了，网线就可以使用，因为数据是通过这 4 根导线传输的，其余 4 根导线没有用来传输数据。

三、任务实施

张师傅是负责某小区视频监控系统部署任务的一名智能楼宇管理员，他在该项目中的第一个任务是制作 RJ45 水晶头。张师傅首先了解到 RJ45 跳线有 T568A 和 T568B 两种，并提炼出完成本任务的主要工作步骤。接下来，就让我们同张师傅一起，开始制作 RJ45 水晶头。RJ45 水晶头的制作步骤见表 4-1-1。

RJ45 水晶头制作步骤   表 4-1-1

步骤	图示
第一步：剥线。用压线钳将双绞线塑料外皮剥去 2～3cm	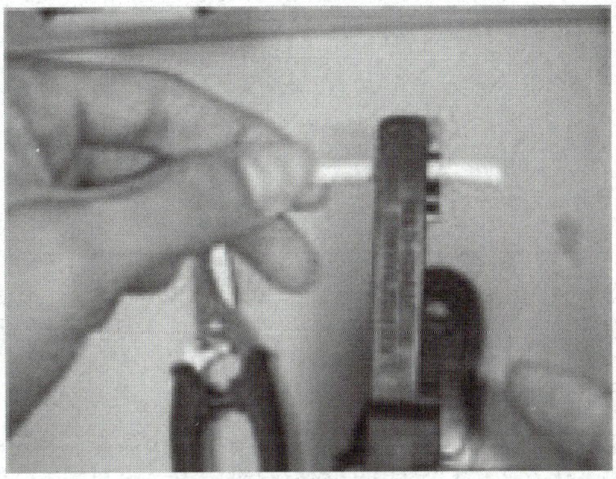
第二步：排线。将绿色线对与蓝色线对放在中间位置，而橙色线对与棕色线对放在靠外的位置，形成左一橙、左二蓝、左三绿、左四棕的线对次序	

步骤	图示
第三步：理线。小心地剥开每一线对（开绞），并将线芯按 T568B 标准排序、特别是要将白绿线芯从蓝和白蓝线对上交叉至 3 号位置，将线芯拉直压平、挤紧理顺	
第四步：剪切。将裸露出的双绞线芯用压线钳、剪刀、斜口钳等工具整齐地剪切，只剩下约 13mm 的长度	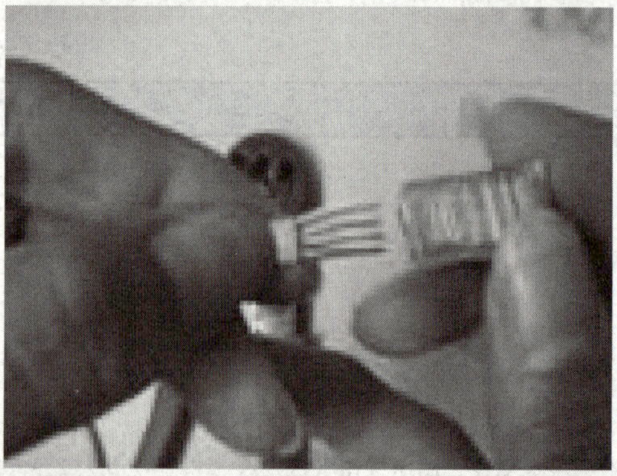
第五步：插入。一手以拇指和中指捏住水晶头，并用食指抵住，水晶头的方向是金属引脚朝上、弹片朝下。另一只手捏住双绞线，用力缓缓将 8 根双绞线依序插入水晶头，并一直插到 8 个凹槽顶端	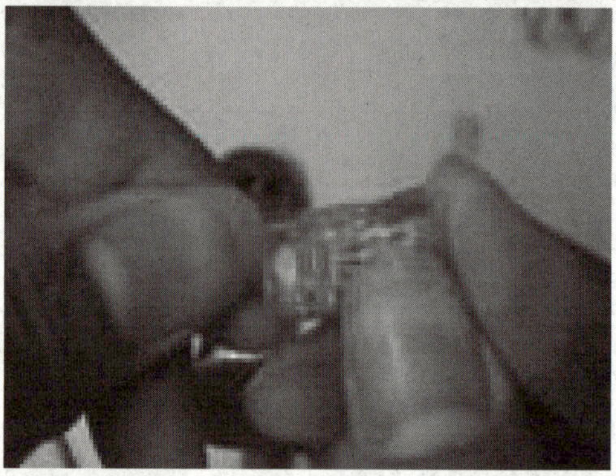
第六步：检查。检查水晶头正面，查看线序是否正确；检查水晶头顶部，查看 8 根线芯是否都顶到顶部	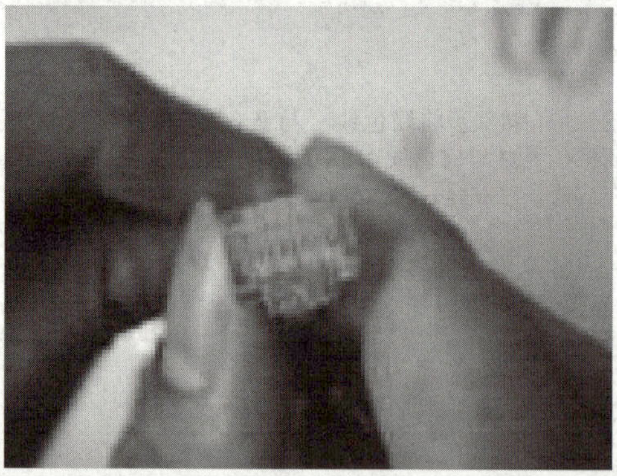

步骤	图示
第七步：压接。确认无误后，将 RJ45 水晶头推入压线钳夹槽，用力握紧压线钳，将突出在外面的针脚全部压入 RJ45 水晶头内，RJ45 水晶头连接完成	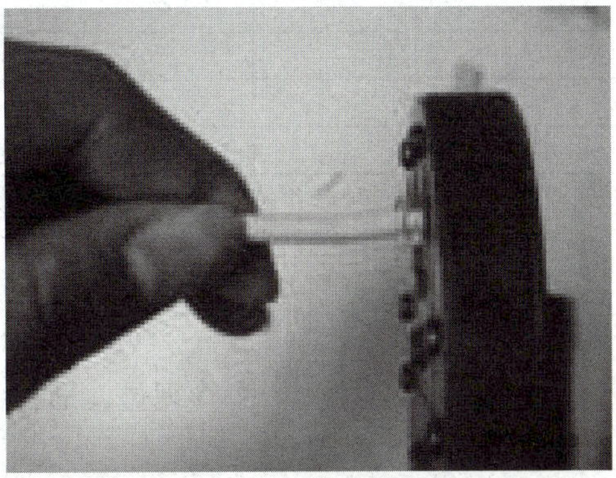
第八步：制作成品跳线。用同一标准在双绞线另一侧安装水晶头，完成直通网络跳线的制作。一侧用 T568A 标准安装水晶头，则完成一条交叉网线的制作	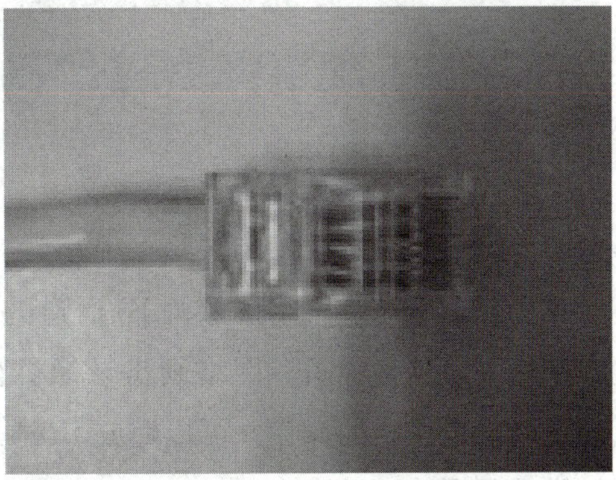
第九步：测试。用网线测试仪对网络进行测试，网线两端 1～8 顺序点亮，则表示制作成功	

四、总结评价

1. 主题讨论

（1）在本任务实施过程中，T568A 和 T568B 两种跳线有何不同？

（2）在跳线测试过程中，如何区分 T568A 和 T568B？

2. 填写评价表

根据 RJ45 水晶头的制作完成情况，填写评价表 4-1-2。先在所在小组内完成自评和互评，各组再选派一名同学演示，请教师给小组评分。

RJ45 水晶头制作实训评价表　　　　　　　　　　表 4-1-2

评价项目	配分	自评	组内互评	教师评分	总评
T568B 类标准网线制作合格	30				
网线测试成功	30				

续表

评价项目	配分	自评	组内互评	教师评分	总评
工作态度	10				
安全文明操作	20				
整理场地	10				
合计					

注：总评＝自评×50％＋组内互评×30％＋教师评价×20％。

五、技能训练

请你作为一名智能楼宇管理员，通过图 4-1-1 所示的 RJ45 水晶头排序图，制作两根跳线。

任务二　配置网络摄像机 IP 通道

一、任务描述

本任务要求完成网络摄像机 IP 通道的配置。该任务将使用到网络摄像机、半球摄像机、网络高速球摄像机、网络硬盘录像机、POE 交换机和监视器等设备。智能楼宇管理员通过硬盘录像机的操作，可以完成 IP 通道的配置。

学习目标：

1. 掌握闭路电视监控系统的接线；

2. 完成网络摄像机的 IP 通道配置。

二、学习准备

全数字化视频监控系统以网络为依托，以数字视频的压缩、传输、存储和播放为核心，以智能实用的图像分析为特色，并与报警系统、门禁系统完美地整合到同一个使用平台上，引发了视频监控行业的一次技术革命。与第一代传统闭路电视监控系统（CCTV）和第二代半数字式监控系统（DVR）相比，全数字化视频监控系统基于 TCP/IP 网络协议，以分布式架构，将监控模式拓展为分散与集中相辅相成，极大地拓展了监控的范围。在硬件设备方面，全数字化视频监控系统采用了更为先进的 D/A 和 A/D 转换设备的视频服务器，以及内置了处理器的网络摄像机，把图像处理（采集、压缩、协议转换、传输）设置在监控点，利用无处不在互联网和局域网，达到全网范围内的即插即用，实现了从图像采集、传输、录像、最终输出的全过程数字化。一般来说，视频监控系统由以下 4 个部分组成：

（1）摄像部分：其作用是把监视目标的视频或图像转化为检测信号，再经过系统中传输部分送至系统的控制中心进行处理，进而还原成监视视频或图像信号。摄像机是摄像部分的核心设备，是进行光电信号变换的主要设备之一。

（2）传输部分：其作用是把经由摄像机输出的视频、音频或图像信号送到中心机房等监控中心点，再将控制信号送到控制现场，以便对现场的摄像机和云台等设备进行控制操作。

（3）控制部分：其作用是在中心机房等控制中心点，利用相关设备远程控制系统的现场设备。该部分的主要控制设备包括集中控制器和微机控制器等。

（4）图像处理和显示部分：其中图像处理是指把经由系统传输部分得来的图像信号分配、切换、记录、重放、加工和复制等，而图像显示是指利用监视器和显示器来显示图像。图像处理和显示的主要设备包括视频切换器、监视器、显示器和录像机等。

1. 网络硬盘录像机

网络硬盘录像机（Network Video Recorder，NVR），又叫网络视频录像机，是视频录像设备，其功能包括：监视功能、录像功能、回放功能、报警功能、控制功能、网络功能、密码授权功能和工作时间表功能等。还包含视频存储、视频查看、视频管理和远程访问。网络硬盘录像机与网络摄像机或视频编码器配套使用，可实现对通过网络传送过来的数字视频进行存储和管理，从而实现网络化带来的分布式架构优势。网络硬盘录像机的正面和背面视图分别如图 4-2-1 和图 4-2-2 所示。图 4-2-3 是网络硬盘录像机安装连接示意图。

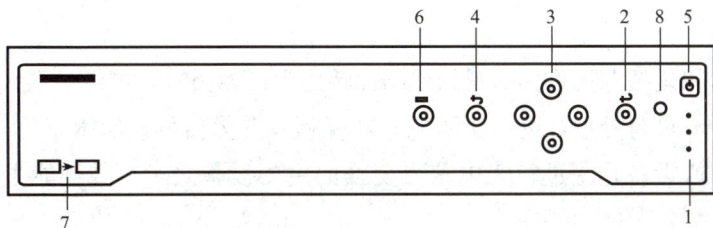

图 4-2-1　网络硬盘录像机正面视图

1—电源灯；2—菜单确认键；3—上、下、左、右方向键；4—菜单返回键；
5—开关键；6—菜单键；7—USB接口；8—红外线接收端口

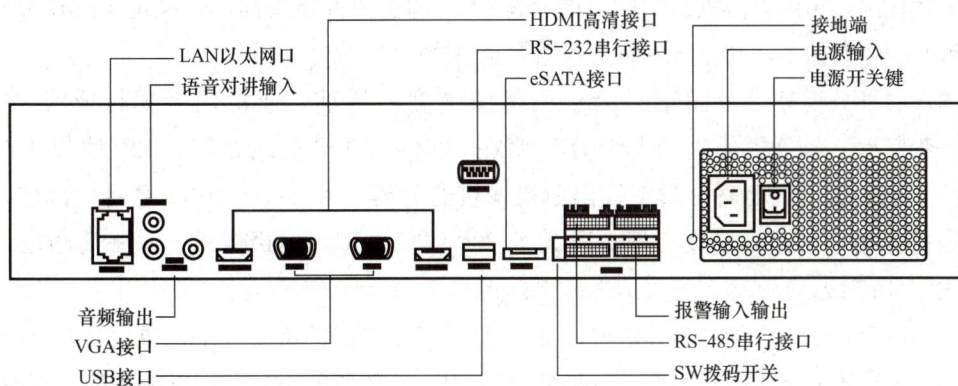

图 4-2-2　网络硬盘录像机背面视图

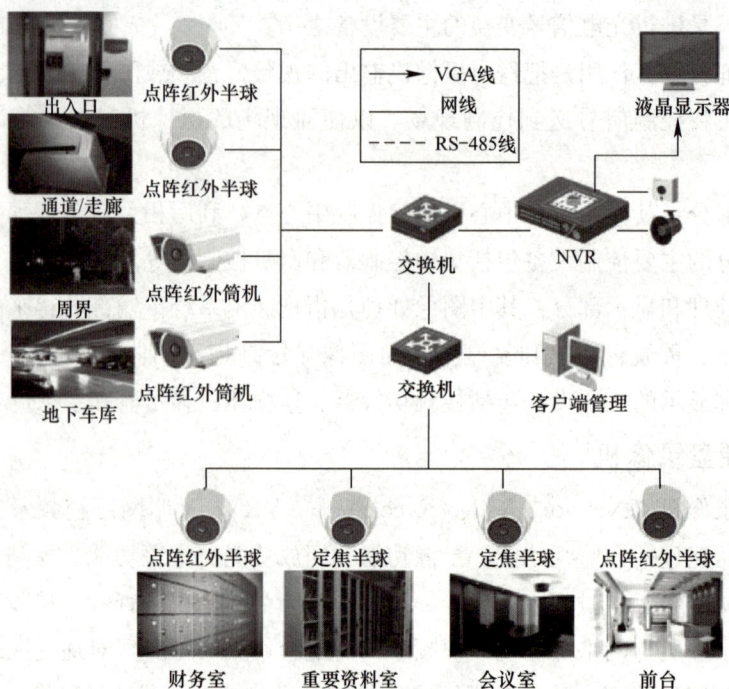

图 4-2-3　网络硬盘录像机安装连接示意图

2. 摄像机

摄像机的作用是把监视目标的视频或图像转化为检测信号，再经过系统中传输部分送至系统的控制中心进行处理，进而还原成监视视频或图像信号。如图 4-2-5 所示，摄像机是摄像部分的核心设备，是进行光电信号变换的主要设备之一，其性能主要由以下指标决定。

（1）CCD 像素：CCD 是英文 Charge Coupled Device，即电荷耦合器件的缩写，它是一种特殊半导体器件，上面有很多感光元件，每个感光元件叫一个像素。CCD 是摄像机的一个极其重要的部件，它起到将光线转换成电信号的作用，类似于人的眼睛，因此其性能的好坏将直接影响到摄像机的性能。像素是 CCD 的主要性能指标，它决定了图像显示的清晰程度。像素越多，则分辨率越高，图像越清晰。

（2）水平分辨率：分辨率是衡量图像清晰度的标准，通常用电视行或线（TV-Line）来表示。彩色摄像机的典型分辨率在 320～500 电视线之间，420 线以下为低分辨率，460 线以上为高分辨率。黑白摄像机的分辨率在 400～1000 之间。目前，选用黑白摄像机，水平清晰度一般要求大于 500 线；选用黑白摄像机，水平清晰度一般要求大于 400 线。

（3）最低照度：也称之为灵敏度，是 CCD 对环境光线的敏感程度，或说是 CCD 正常成像时所需要的最暗光线。照度单位是勒克斯（lx），数值越小，表示所需要的光线越少，摄像头也越灵敏。常用照度有以下几种类型：

1～3lx：属于一般照度；

月光型：正常所需照度 0.1lx 左右；

星光型：正常所需照度 0.01lx 以下；

红外型：采用红外灯照明，在没有光线的情况下也可以成像（黑白）；

其中，月光级和星光级等高敏感度摄像机可在很暗的光线条件下工作。《视频安防监控系统工程设计规范》GB 50395—2007 中规定：监视目标的最低环境照度不应低于摄像机靶面最低照度的 50 倍。

（4）视频输出：多为 1Vp-p、75Ω 复合视频信号，均采用 BNC 接头。

（5）镜头安装方式：有 C 和 CS 方式，两者不同之处在于感光距离不同。C 与 CS 接口的区别在于镜头与摄像机接触面至镜头焦平面（摄像机 CCD 光电感应处的位置）的距离不同，C 型接口的距离为 17.5mm，CS 型接口的距离为 12.5mm。一般情况下，C 型镜头与 C 型摄像机、CS 型镜头与 CS 型摄像机可以配合使用，C 型镜头与 CS 型摄像机之间，需增加一个 5mm 的 C/CS 转接环后，可以配合使用，如图 4-2-4 所示。CS 型镜头与 C 型摄像机无法配合使用。

图 4-2-4　C 型和 CS 型区别

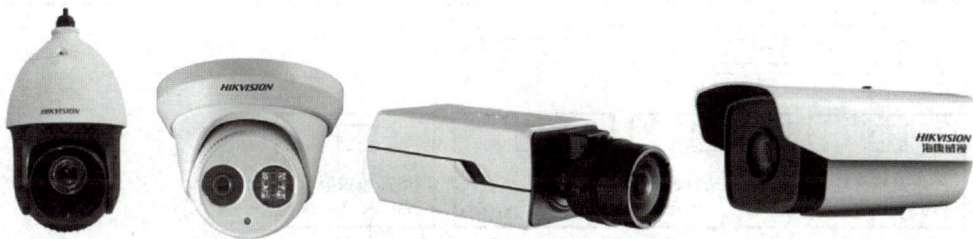

图 4-2-5　几种常见的摄像机外观图

3. 监视器

监视器是闭路监控系统（Closed-Circuit TeleVision，CCTV）的重要组成部分，它是监控系统的显示部分，是监控系统的终端设备，充当着监控人员的"眼睛"，同时也为事后调查起到关键性作用。

（1）监视器分类：监视器可按尺寸、色彩、材质、扫描方式、屏幕、用途分类。

1）按尺寸分类：15/17/19/20/22/26/32/37/40/42/46/52/57/65/70/82 寸监视器等。

2）按材质分类：CRT、LED、DLP、LCD 等。

（2）监视器分辨率：监视器也有分辨率，同摄像机一样用线数表示。黑白监视器的分辨率通常可达 800 线以上，彩色视频监视器的分辨率一般为 300 线以上。实际使用时一般要求监视器线数要与摄像机匹配。监视器外观如图 4-2-6 所示。

图 4-2-6　监视器外观图

4. 设备的线路连接

图 4-2-7 是视频监视系统的接线图，按图连接线路后，即可操作网络摄像机的 IP 通道配置。

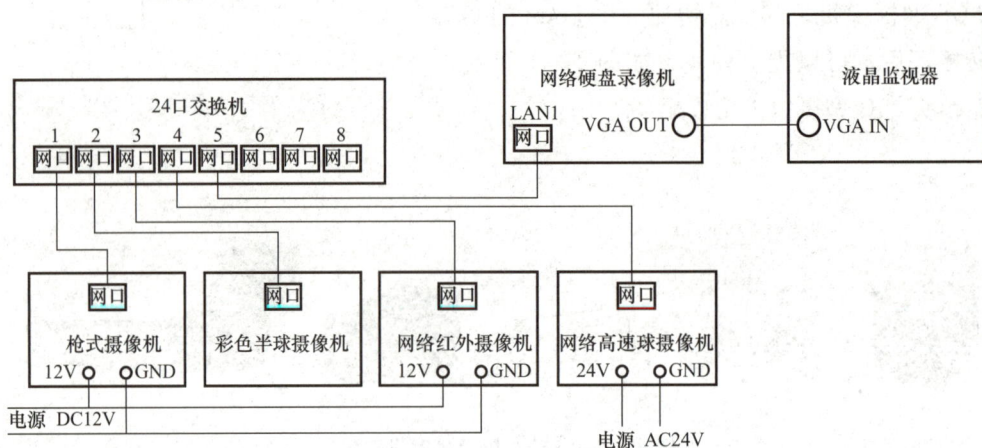

图 4-2-7　视频监控系统接线图

三、任务实施

　　张师傅是负责某小区视频监控系统部署任务的一名智能楼宇管理员，他在本项目中的第二个任务是设置小区内各楼栋摄像机的 IP 通道。张师傅首先了解到本小区部署的网络录像机是型号为 DS-8608 网络录像机，通过认真阅读该网络录像机的使用说明书，张师傅提炼出了完成本任务的主要工作步骤。接下来，就让我们同张师傅一起，走进该小区的每栋大楼，去设置摄像机 IP 通道。

　　步骤 1：按图 4-2-7 视频监控系统接线图的要求，用网线将交换机接口和摄像机接口连接起来，用 3 号导线将高速球电源接口和 AC24V 电源接口连接起来。

　　步骤 2：打开电源开关。

步骤 3：设置摄像机 IP 通道。

　　网络录像机的设置需要分别针对 IP 通道的添加和删除进行操作，其中 IP 通道的设置步骤见表 4-2-1。

IP 通道设置步骤　　　　　　　　　表 4-2-1

步骤	图示
第一步：进入"通道配置"界面。在预览界面左键点击通道管理菜单，进入通道管理界面，选择"通道配置"，进入"通道配置"界面	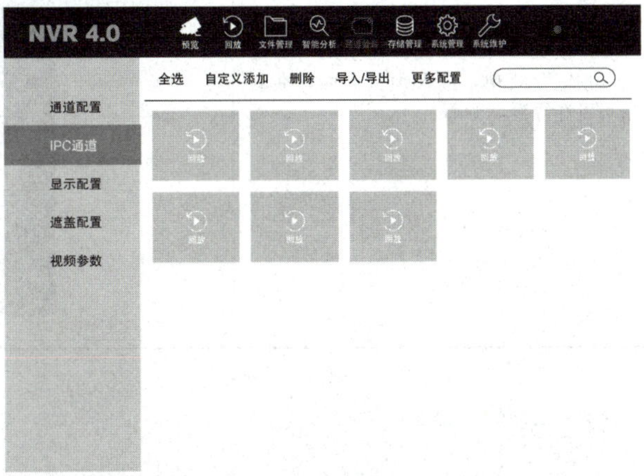
第二步：添加设备。选择需要添加的已激活 IP 设备，点击"添加"将该通道快速添加到网络硬盘录像机。重复以上操作，完成多个 IP 通道添加	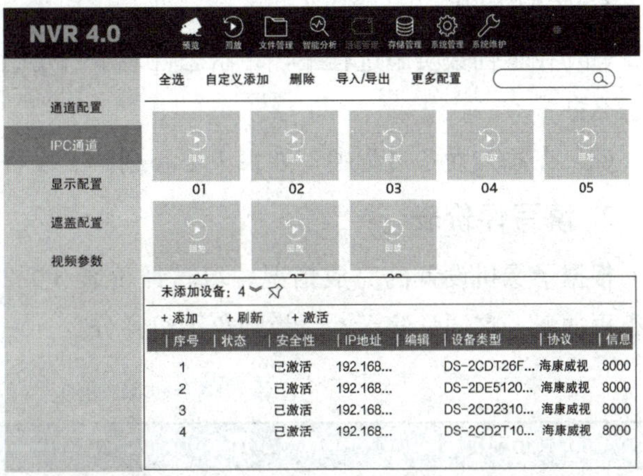
第三步：查看连接状态。在通道配置界面，出现预览画面表示设备添加成功，用鼠标左键单击"▶"可预览图像。"状态"⚠表示设备添加失败，用鼠标左键单击"⚠"可查看错误信息，根据状态提示信息重新添加	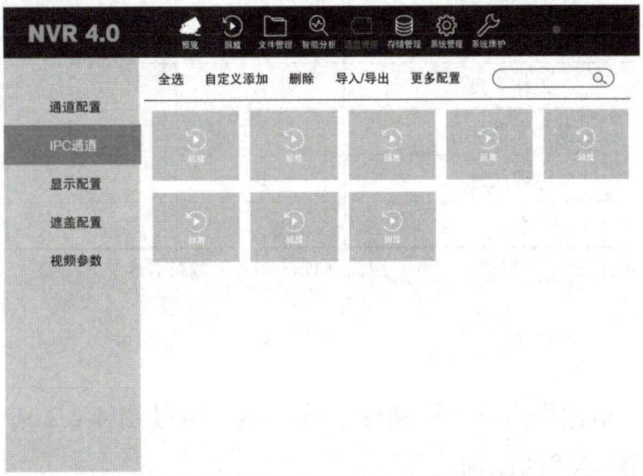

续表

步骤	图示
第四步：预览摄像机画面。在主菜单界面点击"预览"菜单，进入预览界面，在右下角可以选择分屏画面	

四、总结评价

1. 主题讨论

（1）在本任务实施过程中，在状态栏显示三角感叹号意味着添加不成功，此时我们应该怎么办？

（2）在添加设备过程中，如果不小心删掉了设备，该怎么做？

2. 填写评价表

根据录像机设置的完成情况，填写评价表4-2-2。先在所在小组内完成自评和互评，各组再选派一名同学演示，请教师给小组评分。

设置摄像机 IP 通道实训评价表   表 4-2-2

评价项目	配分	自评	组内互评	教师评分	总评
系统接线正确	30				
录像机显示画面成功	30				
工作态度	10				
安全文明操作	20				
整理场地	10				
合计					

注：总评＝自评×50％＋组内互评×30％＋教师评价×20％。

五、技能训练

请你作为一名智能楼宇管理员，通过图 4-2-1 所示的网络录像机，对小区内摄像机进行 IP 通道的添加。

任务三　控制网络高速球录像机

一、任务描述

本任务要求完成网络录像机控制高速球的操作。该任务将使用到网络高速球摄像机、交换机、网络硬盘录像机和监视器等设备。智能楼宇管理员通过对网络硬盘录像机的设置，可以对高速球摄像机实施控制。

学习目标：

1. 完成高速球摄像机的接线；

2. 完成网络硬盘录像机控制高速球上下左右旋转。

二、学习准备

1. 网络高速球摄像机

网络高速球是一种集成度相当高的产品。它集成了云台系统、通信系统和摄像机系统。其中，云台系统是指电机带动的旋转部分，通信系统是指对电机的控制以及对图像和信号的处理部分，摄像机系统是指采用的一体机机芯。高速球可实现远程管理监控、360°无限位旋转、180°自动翻转、模式路径、花样扫描、屏幕菜单、移动侦测和隐私遮挡，具有清晰度高、捕捉目标准确、速度级别多等特点。图 4-3-1 所示为高速球摄像机外观图。

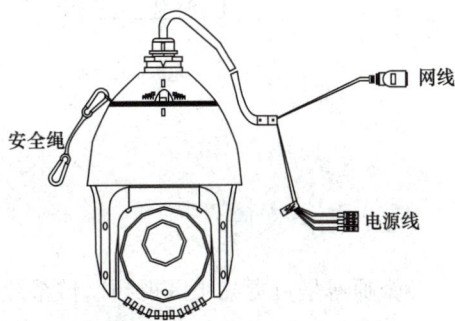

图 4-3-1　高速球摄像机外观图

网络高速球摄像机具有以下特点：

（1）支持最大 1280×960@60fps 高清画面输出；

（2）支持 H.265 高效压缩算法，可较大节省存储空间；

（3）支持 20 倍光学变焦，16 倍数字变焦；

（4）采用高效红外阵列，低功耗，照射距离达 150m；

（5）支持区域入侵侦测、越界侦测、移动侦测等智能侦测功能；

（6）支持断网续传功能保证录像不丢失，配合 Smart NVR 实现事件录像的二次智能检索、分析和浓缩播放；

（7）支持宽动态、3D 数字降噪、Smart IR 等功能；

（8）支持镜像功能；

（9）水平方向 360°连续旋转，垂直方向−15°～−90°；

（10）支持 300 个预置位，8 条巡航扫描，4 条花样扫描；

（11）支持 3D 定位功能，可通过鼠标框选目标以实现目标的快速定位与捕捉；

（12）支持定时任务、守望、一键巡航功能；

（13）支持最大 128G 的 Micro SD/SDHC/SDXC 卡存储。

2. 设备的线路连接

图 4-3-2 是控制高速球摄像机接线图，按图连接线路后，即可控制高速球摄像机转动。

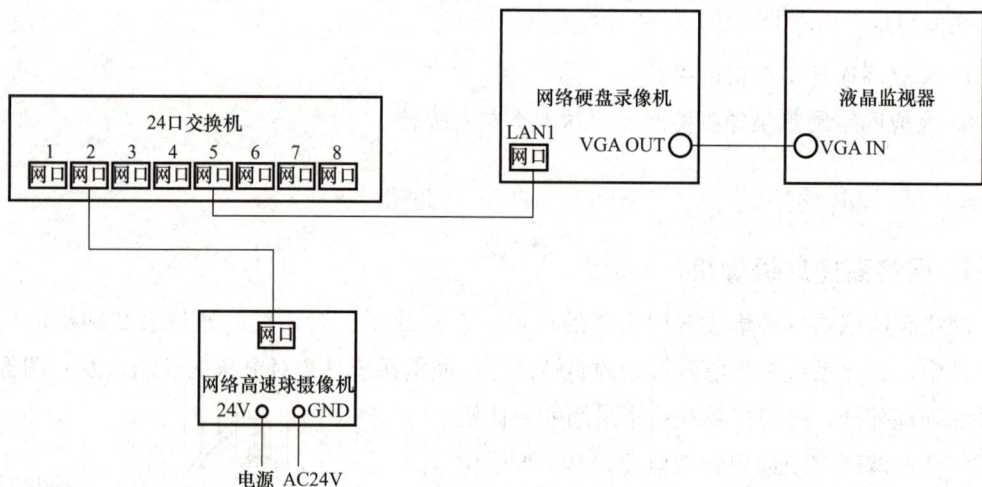

图 4-3-2　控制高速球摄像机接线图

三、任务实施

张师傅是负责某小区视频监控系统部署任务的一名智能楼宇管理员，他在该项目中的第三个任务是操作小区内各楼栋高速球摄像机的转动。张师傅首先了解到本小区部署的是型号为 DS-8608 网络录像机，通过认真阅读该网络录像机的使用说明书，张师傅提炼出了完成本任务的主要工作步骤。接下来，就让我们同张师傅一起走进该小区的每栋大楼，去控制高速球摄像机的转动。

步骤 1：按图 4-3-2 控制高速球摄像机接线图的要求，用网线将交换机接口和高速球摄像机接口连接起来，用 3 号导线将高速球电源接口和 AC24V 电源接口连接起来。

步骤 2：打开电源开关。

步骤 3：操作网络录像机控制高速球。

网络录像机的设置需要针对高速球进行控制操作，其中控制高速球的设置步骤见表 4-3-1。

控制高速球设置步骤　　　　　　　　　　　表 4-3-1

步骤	图示
第一步：在预览画面下，在高速球界面单击选择"云台控制"，进入"云台配置"界面	
第二步：控制高速球。在预览画面下，在高速球界面单击选择"云台控制"，进入云台控制模式，点击云台控制界面的方向键"上、下、左、右"即可控制高速球进行上、下、左、右转动	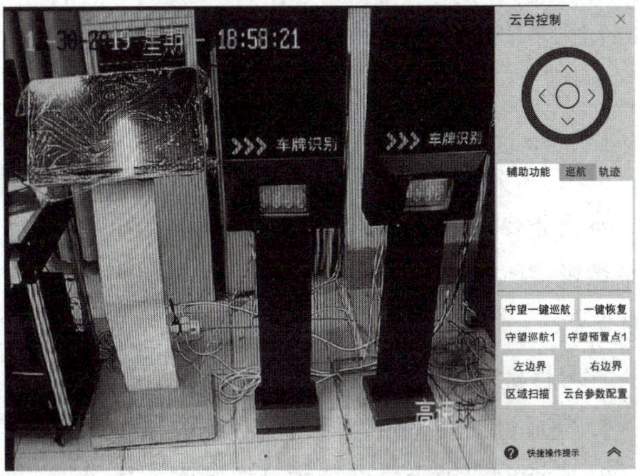
第三步：退出云台控制。在"云台控制"界面下，鼠标左键点击"⊠"退出云台控制界面	

四、总结评价

1. 主题讨论

（1）在本任务实施过程中，如何设置高速球的预置点？

（2）在控制高速球摄像机过程中，如果高速球摄像机不动，该怎么办？

2. 填写评价表

根据控制高速球设置的完成情况，填写评价表 4-3-2。先在所在小组内完成自评和互评，各组再选派一名同学演示，请教师给小组评分。

控制高速球实训评价表   表 4-3-2

评价项目	配分	自评	组内互评	教师评分	总评
控制云台垂直±60°旋转	30				
控制云台水平360°旋转	30				
工作态度	10				
安全文明操作	20				
整理场地	10				
合计					

注：总评＝自评×50％＋组内互评×30％＋教师评价×20％。

五、技能训练

某小区共有 17 栋楼，安装有多台高速球摄像机。请你作为一名智能楼宇管理员，对小区内高速球摄像机进行控制。

任务四　操作网络录像机录像

一、任务描述

本任务要求完成网络录像机录像的操作。该任务将使用到网络高速球摄像机、网络硬盘录像机、POE 交换机和监视器等设备。智能楼宇管理员通过操作硬盘录像机，完成录像任务。

学习目标：

1. 完成网络硬盘录像机录像系统的接线；
2. 掌握网络硬盘录像机的录像操作方法；
3. 掌握网络硬盘录像机的录像查询方法。

二、学习准备

1. 录像

录像是指通过操作硬盘录像机，对摄像机的画面进行捕捉并保存的行为。目前常用的摄像机有枪式摄像机、彩色半球摄像机、网络红外摄像机和网络高速球摄像机。

图 4-4-1　枪式摄像机外观图

2. 枪式摄像机

图 4-4-1 所示为 200W 网络红外枪型摄像机。它有如下特点：

（1）支持系统双备份，发生断电等异常可自动恢复；

（2）采用标准 H. 265 High profile 视频压缩技术，压缩比高，支持低码流监控；

（3）采用超低照度 1.3 兆（1280×960）CMOS 图像传感器，低照度效果好，图像清晰度高；

（4）支持 3D 降噪；

（5）支持 ACF（活动帧率控制），支持手机监控；

（6）支持数字水印加密，防止数据被篡改；

（7）支持丰富的网络协议；

（8）支持电磁彩转黑功能，实现昼夜监控；

（9）红外监控距离 85m；

（10）支持网络断开、IP 冲突、移动检测、视频遮挡智能报警；

（11）网络协议：标准 HTTP、TCP/IP、ARP、IGMP、ICMP、RTSP、RTP、UDP、RTCP、SMTP、FTP、DHCP、DNS、DDNS、PPPOE、UPNP、NTP、Bonjour、SNMP；

（12）POE 供电；

（13）配置镜头。

3. 半球摄像机

图 4-4-2 所示为 200W 网络半球摄像机。它的特点如下：

（1）采用标准 H. 265 视频压缩技术，压缩比高，码流控制准确、稳定；

（2）采用超低照度 1.3 兆（1280×960）CMOS 图像传感器，低照度效果好，图像清晰度高；

（3）支持双码流，ACF（活动帧率控制）；

（4）支持数字水印加密，防止数据被篡改；

（5）支持丰富的网络协议；

（6）支持 ICR 滤光片切换功能，实现昼夜监控；

（7）支持 DC12V；

图 4-4-2　半球摄像机外观图

（8）采用海螺型万向轴旋转结构，工程应用更灵活；

（9）最大红外监控距离 30m；

（10）体积小，功耗低，方便安装；

（11）支持网络断开、IP 冲突、移动检测、视频遮挡智能报警；

（12）网络协议：HTTP、TCP、AR、RTSP、RTP、UDP、RTCP、SMTP、FTP、DHCP、DNS、DDNS、PPPOE、IPV4/V6、SNMP、QOS、UPNP、NTP；

（13）POE 供电。

4. 网络红外摄像机

图 4-4-3 所示为 200W 网络红外摄像机。它有如下特点：

图 4-4-3　网络红外摄像机外观图

（1）支持系统双备份，升级发生断电等异常可自动恢复；

（2）采用 ROI、SVC 等视频压缩技术，压缩比高，且处理非常灵活，超低误码率；

（3）最高分辨率可达 1920×1080fps，在该分辨率下可输出实时图像；

（4）支持 3D 降噪；

（5）支持双码流，支持手机监控；

（6）支持数字水印加密，防止数据被篡改；

（7）支持丰富的网络协议；

（8）CR 红外滤片式自动切换，实现真正的日夜监控；

（9）红外监控距离 30m；

（10）支持网络断开、IP 冲突、移动检测、视频遮挡智能报警；

（11）网络协议：标准 HTTP、TCP/IP、ARP、IGMP、ICMP、RTSP、RTP、UDP、RTCP、SMTP、FTP、DHCP、DNS、DDNS、PPPOE、UPNP、NTP、Bonjour、SNMP；

（12）POE 供电。

5. 设备的线路连接

图 4-4-4 是网络硬盘录像机录像操作的接线图。按图连接线路后，即可操作网络录像机对各种摄像机进行录像。

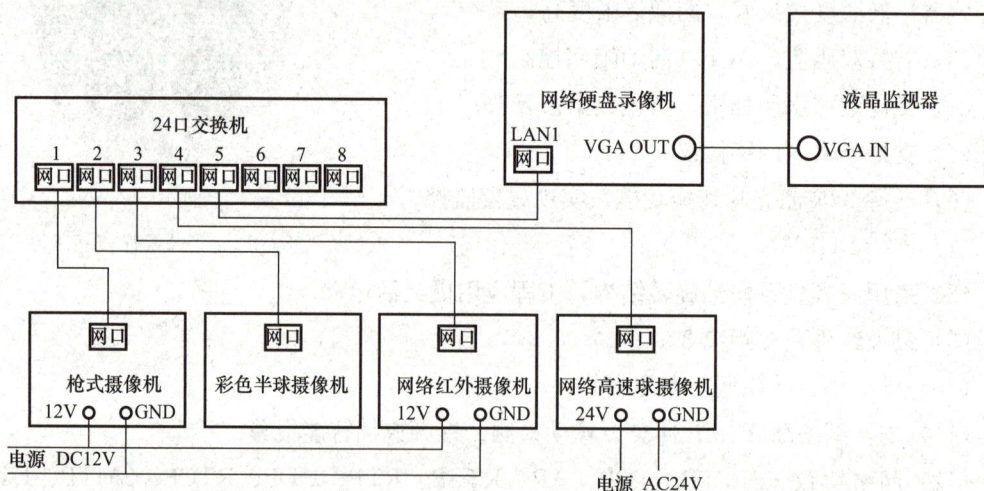

图 4-4-4　网络硬盘录像机录像操作系统的接线图

三、任务实施

张师傅是负责某小区视频监控系统部署任务的一名智能楼宇管理员，他在该项目中的第四个任务是操作网络录像机进行录像。张师傅首先了解到本小区部署的是型号为 DS-8608 网络录像机，通过认真阅读该网络录像机的使用说明书，张师傅提炼出了完成本任务的主要工作步骤。接下来，就让我们同张师傅一起走进该小区，操作网络录像机对高速球摄像机进行录像。

步骤 1：按图 4-4-1 网络录像机录像系统接线图的要求，用网线将交换机接口和高速球摄像机接口连接起来，用 3 号导线将高速球电源接口和 AC24V 电源接口连接起来。

步骤 2：打开电源开关。

步骤 3：操作网络录像机录像。

操作网络录像机录像，需要对网络录像机进行相应的设置。网络录像机录像的设置步骤见表 4-4-1。

网络录像机录像系统设置步骤　　　　　　　　　　　　　　　表 4-4-1

步骤	图示
第一步：进入录像计划界面。在预览画面下，点击顶部主菜单"存储管理"，选择录像计划菜单，进入"录像计划"界面	
第二步：启用录像计划。在"录像计划"界面，选择需要录像的通道号，点击启用录像计划	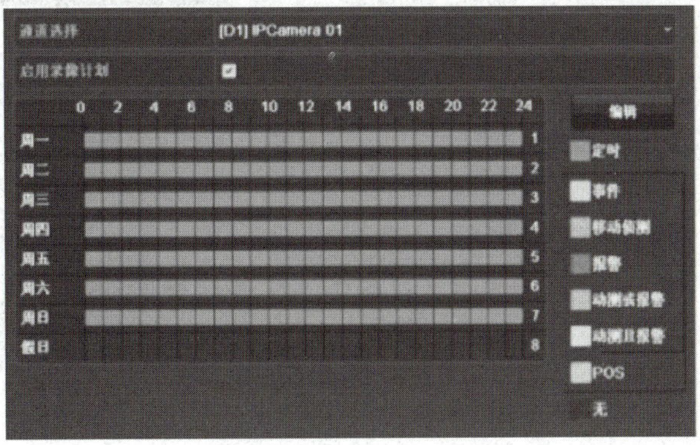

续表

步骤	图示
第三步：进入录像计划编辑界面。在"录像计划"界面，点击"编辑"按钮，进入编辑计划界面，可以对星期、每天8个时间段进行编辑，设定完成后，点击应用、确定键，录像计划设定完成	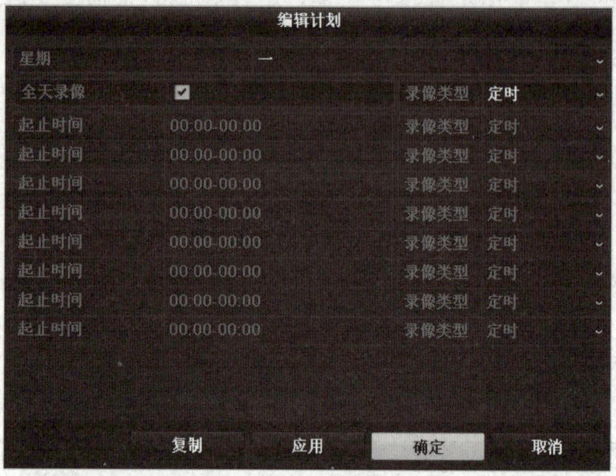
第四步：开始录像。系统默认录像时间为5min，5min之后开始查看回放	
第五步：查看回放。在预览画面下，点击顶部主菜单"回放"菜单，进入回放查看界面，在左侧选择要回放的通道，点击开始按钮，开始查看回放	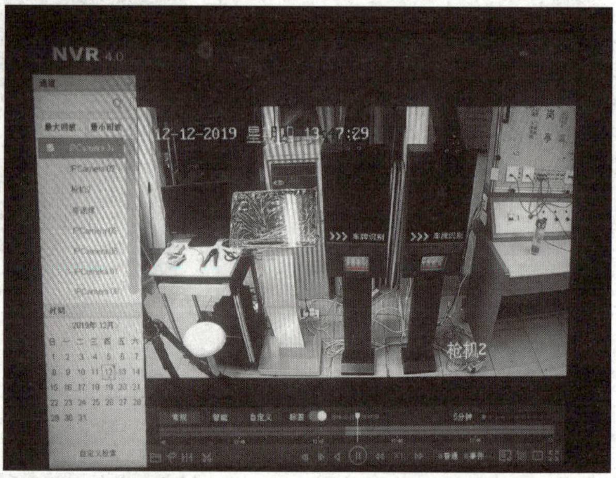

四、总结评价

1. 主题讨论

（1）在本任务实施过程中不想开启录像功能，该怎么办？

（2）在查询回放过程中，如何查询某一天、某一时间段的录像？

2. 填写评价表

根据录像机录像设置的完成情况，填写评价表4-4-2。先在所在小组内完成自评和互评，各组再选派一名同学演示，请教师给小组评分。

录像机录像实训评价表   表 4-4-2

评价项目	配分	自评	组内互评	教师评分	总评
定时录像设置成功	30				
查看回放录像成功	30				
工作态度	10				
安全文明操作	20				
整理场地	10				
合计					

注：总评＝自评×50％＋组内互评×30％＋教师评价×20％。

五、技能训练

某小区共有 17 栋楼，在监控室安装有网络录像机。请你作为一名智能楼宇管理员，通过图 4-2-1 所示的网络录像机，对小区内摄像机进行录像查询。

任务五　操作网络录像机报警联动

一、任务描述

本任务要求完成网络录像机报警联动的操作。该任务将使用到紧急按钮、报警灯等设备。智能楼宇管理员可以通过操作硬盘录像机，完成录像机报警联动操作。

学习目标：

1. 完成网络硬盘录像机报警联动系统的接线；
2. 掌握网络硬盘录像机报警联动的操作方法。

二、学习准备

1. 紧急按钮

图 4-5-1 所示为 HO-01B 紧急按钮。它由 ABS 阻燃外壳和常开常闭触点组成，按下按钮立即动作报警，排除警报后可用钥匙恢复。

2. 报警灯

图 4-5-2 所示为 HC-05 报警灯。它的工作电压为 DC12V，可联网报警。

3. 设备的线路连接

图 4-5-3 是网络录像机报警联动系统的接线图，按图连接线路后，即可操作网络录像机报警联动。

图 4-5-1　紧急按钮外观图

图 4-5-2　报警灯外观图

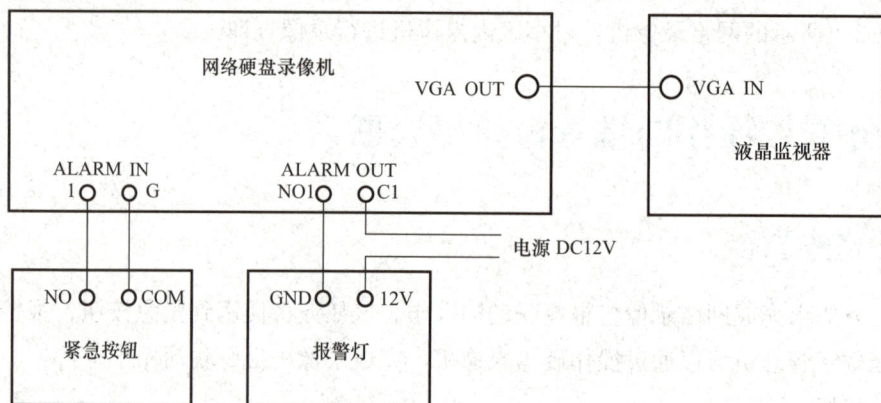

图 4-5-3　网络录像机报警联动系统的接线图

三、任务实施

张师傅是负责某小区视频监控系统部署任务的一名智能楼宇管理员，他在该项目中的第五个任务是操作网络录像机进行报警联动。张师傅首先了解到本小区部署的是型号为 DS-8608 网络录像机，通过认真阅读该网络录像机的使用说明书，张师傅提炼出了完成本任务的主要工作步骤。接下来，就让我们同张师傅一起走进该小区，操作网络录像机的报警联动。

步骤 1：按图 4-5-3 网络录像机报警联动系统接线图的要求，用线将设备连接起来。

步骤 2：打开控制柜电源开关。

步骤 3：操作网络录像机报警联动。

网络录像机的设置需要针对网络录像机操作，网络录像机报警联动设置步骤见表 4-5-1。

网络录像机报警联动系统设置步骤 表 4-5-1

步骤	图示
第一步：进入报警输入配置界面。在预览画面下，点击顶部主菜单"系统管理"，选择事件配置菜单，进入"报警输入"配置界面	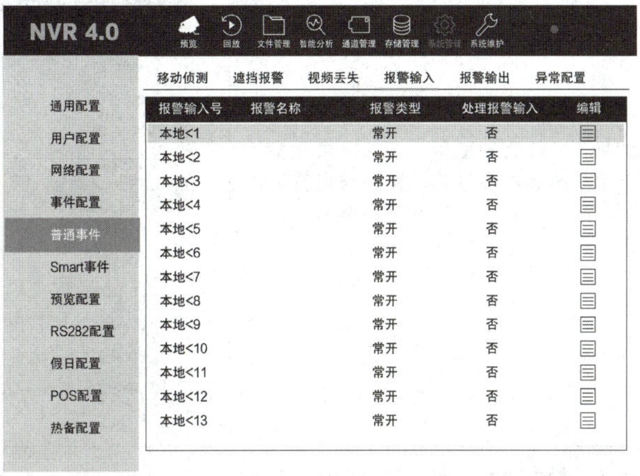
第二步：进入编辑界面。在"报警输入"配置界面，选择需要配置的报警输入号，点击右侧编辑按钮，进入编辑界面	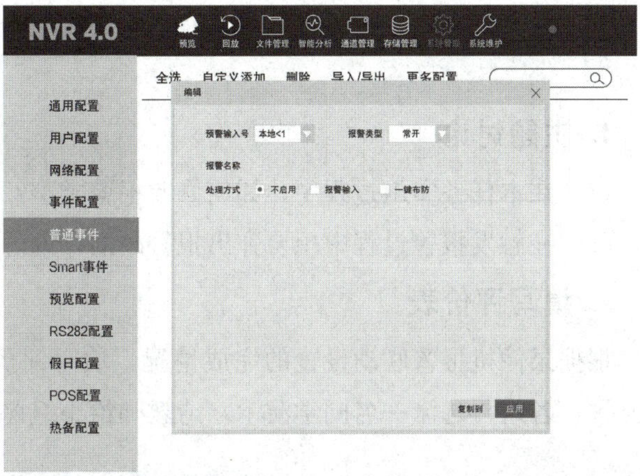
第三步：对报警输入进行启用配置。在"编辑"界面，选择报警类型，输入报警名称，处理方式选择报警输入，对布防时间进行编辑，点击"联动方式"进入联动配置界面	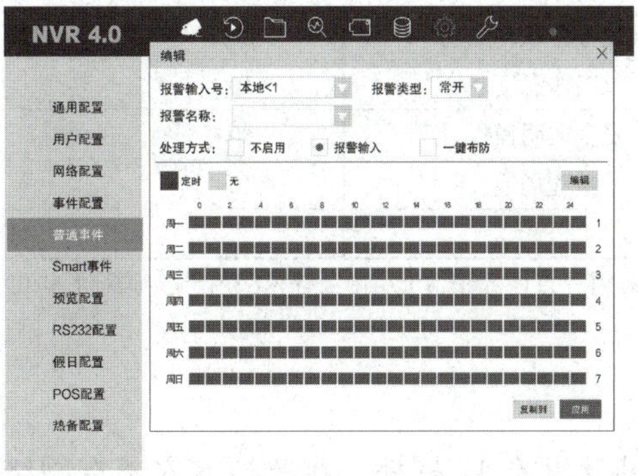

续表

步骤	图示
第四步：进行联动配置。根据需求在常规联动菜单的选项前打钩，在联动报警输出选项，选择本地 1，点击应用按钮，保存配置	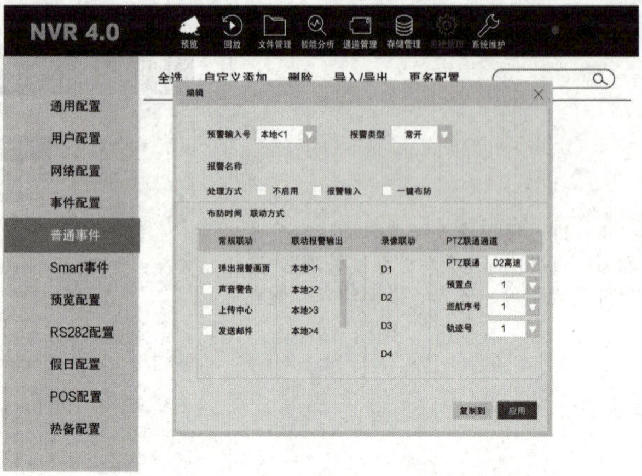
第五步：触发报警。按下紧急按钮，观察报警灯的状态。打开紧急按钮，观察报警灯的状态	

四、总结评价

1. 主题讨论

（1）在本任务实施过程中，如何修改报警类型？

（2）在触发报警过程中想要弹出报警画面，该怎么办？

2. 填写评价表

根据录像机报警联动设置的完成情况，填写评价表 4-5-2。先在所在小组内完成自评和互评，各组再选派一名同学演示，请教师给小组评分。

录像机报警联动实训评价表　　　　　　　　　　　　表 4-5-2

评价项目	配分	自评	组内互评	教师评分	总评
报警联动设置成功	30				
触发报警联动成功	30				
工作态度	10				
安全文明操作	20				
整理场地	10				
合计					

注：总评＝自评×50％＋组内互评×30％＋教师评价×20％。

五、技能训练

某小区共有 17 栋楼，在监控室安装有网络录像机。请你作为一名智能楼宇管理员，通过图 4-2-1 所示的网络录像机，对小区内探测器进行报警联动操作。

任务六　使用拾音器

一、任务描述

本任务要求完成拾音器的连接，并使用拾音器采集现场声音。该任务将使用网络摄像机、拾音器、交换机、网络硬盘录像机和监视器。智能楼宇管理员通过将拾音器连接到相应设备上，让现场声音通过拾音器传输到网络硬盘录像机。

学习目标：

1. 完成拾音器系统的接线；
2. 掌握拾音器的使用方法。

二、学习准备

1. 拾音器

拾音器是一种用于采集现场声音的设备，常用于音频监控、录音系统中，属于前端采集设备。一般来说，拾音器由咪头（麦克风）和放大器组成，其相应的电路设计和芯片对音质有较大影响。拾音器通常采用三线制、四线制接线端子，现在大多数拾音器都是三线制，即红线（电源正极）、白线（音频正极）和黑线（公共地，即音频和电源的负极）；如果将音频负极和电源负极分开来，就构成四线制。拾音器产品通常分为主动式和被动式两种类型；按实际应用性能，又可分为声乐吉他拾音器和监控用拾音器。一般拾音器外观如图 4-6-1 所示。

2. POE 交换机

TL-SG1210P 是 TP-LINK 自主研发的全千兆非网管 POE 交换机，如图 4-6-2，其中 1～8 号端口支持 POE＋功能，符合 IEEE 802.3af/at 标准，单端口 POE 功率可达 30W，整机最大 POE 输出功率为 54W。作为 POE 供电设备，能自动检测识别符合标准的受电设备并通过网线为其供电。即插即用，使用简单方便，适合酒店、校园、厂区宿舍及中小型企业组建经济高效的 POE 网络。

图 4-6-1　拾音器外观图

图 4-6-2　POE 交换机外观图

105

3. 设备的线路连接

图 4-6-3 是拾音器系统接线图，按图连接线路后，即可操作拾音器的使用。

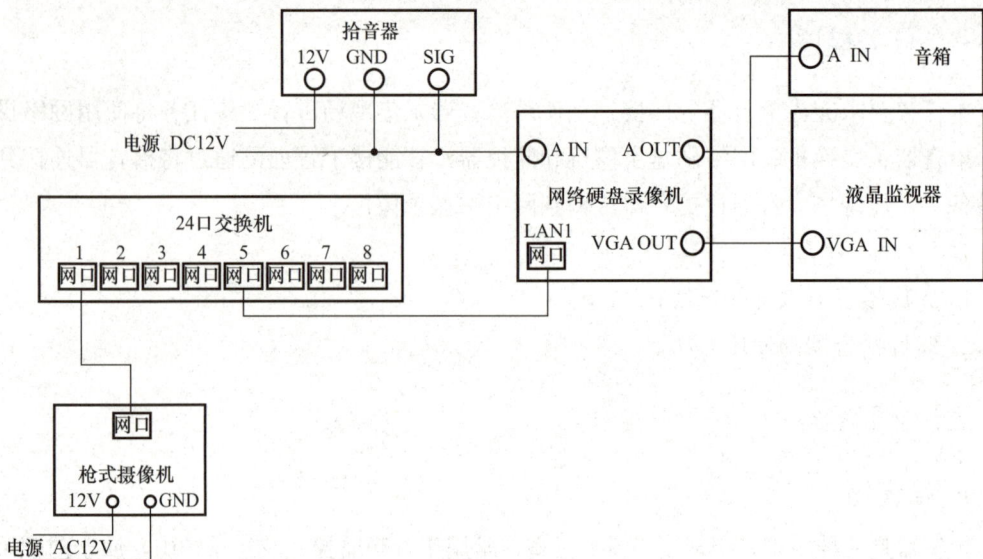

图 4-6-3　拾音器系统接线图

三、任务实施

张师傅是负责某小区视频监控系统部署任务的一名智能楼宇管理员，他的第六个任务是操作网络录像机进行拾音器的使用。张师傅首先了解到本小区部署的是型号为 DS-8608 网络录像机，通过认真阅读该网络录像机的使用说明书，张师傅提炼出了完成本任务的主要工作步骤。接下来，就让我们同张师傅一起走进该小区，操作网络录像机的报警联动。

步骤 1：按图 4-6-3 拾音器系统接线图的要求，用线将设备连接起来。

步骤 2：打开控制柜电源开关。

步骤 3：操作网络录像机录像。

网络录像机的设置需要针对网络录像机操作，网络录像机拾音系统设置步骤见表 4-6-1。

四、总结评价

1. 主题讨论

（1）在本任务实施过程中，拾音器的主要功能是什么？

（2）在拾音过程中，声音过小怎么办？

网络录像机拾音系统设置步骤   表 4-6-1

步骤	图示
第一步：进入预览配置界面。在预览画面下，点击顶部主菜单"系统管理"，选择预览配置菜单，进入"预览配置"界面	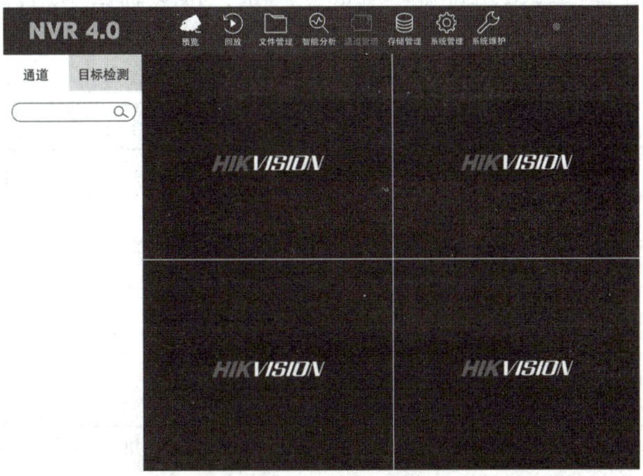
第二步：音频预览设置。选择"输出端口"的"音频预览"，使"音频预览"选项的状态为 ☑，按住鼠标左键，左右滑动滚动条，调节音频预览音量大小，点击应用保存设置	
第三步：开启录像。参考任务 4 开启录像计划，录一段画面，在拾音器处制造声音 1min	
第四步：查看回放。在预览画面下，点击顶部主菜单"回放"菜单，进入回放查看界面，在左侧选择要回放的通道，点击开始按钮，开始查看回放，在播放录像的同时音箱也会发出录制的声音	

2. 填写评价表

根据录像机拾音系统设置的完成情况，填写评价表 4-6-2。先在所在小组内完成自评和互评，各组再选派一名同学演示，请教师给小组评分。

录像机拾音系统实训评价表 表 4-6-2

评价项目	配分	自评	组内互评	教师评分	总评
录像和查询录像成功	30				
录制声音和查询声音一致	30				
工作态度	10				
安全文明操作	20				
整理场地	10				
合计					

注：总评＝自评×50％＋组内互评×30％＋教师评价×20％。

五、技能训练

某小区共有 17 栋楼，安装有多台拾音器。请你作为一名智能楼宇管理员，通过图 4-2-1 所示的网络录像机，对小区内拾音器进行录音操作。

任务七 设计一个应用系统

一、任务描述

在完成项目所有实训课程的基础上，请根据实训指导老师提出的设计要求，自己组建一个具有特定功能的视频监控系统。

设计要求：

1. 系统需用到 4 种摄像机。
2. 能实现画面预览。
3. 能实现监控画面的录像和回放查询。

二、学习目标

1. 熟悉和了解整套视频监控系统；
2. 培养自己的动手能力和创造力。

三、任务实施

1. 请根据本任务要求，在下表中填写所需用的实训设备和材料。

（1）实训设备

序号	设备名称	型号	数量
1			
2			
3			
4			
5			
6			

（2）材料

序号	材料名称	规格	数量
1			
2			
3			
4			
5			
6			

2. 请画出本任务的系统接线图。

3. 请按照以下步骤完成本任务。

（1）根据系统接线图接线。

（2）IP 通道操作。

（3）录像机控制高速球操作。

（4）硬盘录像机录像操作。

（5）拾音器的使用。

项目 五
火灾自动报警及消防联动系统操作与实训

火灾报警系统，一般由火灾探测器、区域报警器和集中报警器组成；也可以根据工程要求同各种灭火设施和通信装置联动，形成中心控制系统，即由自动报警、自动灭火、安全疏散诱导、系统过程显示、消防档案管理等组成一个完整的消防控制系统。火灾探测器是探测火灾的仪器。由于在火灾发生阶段，将伴随产生烟雾、高温和火光，这些烟、热和光可以通过探测器转变为电信号报警或使自动灭火系统启动，及时扑灭火灾。区域报警器能将所在楼层探测器发出的信号转换为声光报警，并在屏幕上显示出火灾的房间号，同时还能监视若干楼层的集中报警器（如果监视整个大楼，则设于消防控制中心）输出信号或控制自动灭火系统。集中报警器是将接收到的信号以声光方式显示出来，其屏幕上也具体显示出着火的楼层和房间号，时钟记录下首次报警时间；利用本机专用电话，还可迅速发出指示和向消防队报警。此外，也可以控制有关灭火系统或将火灾信号传输给消防控制室。

本项目共包含 5 个工作任务，如图 5-1-0 所示。通过这 5 个工作任务的实施，学生可以掌握火灾自动报警系统的接线、编码器的使用、模块及探测器的属性配置、多限制控制模块的设置、消防联动编程等技能。

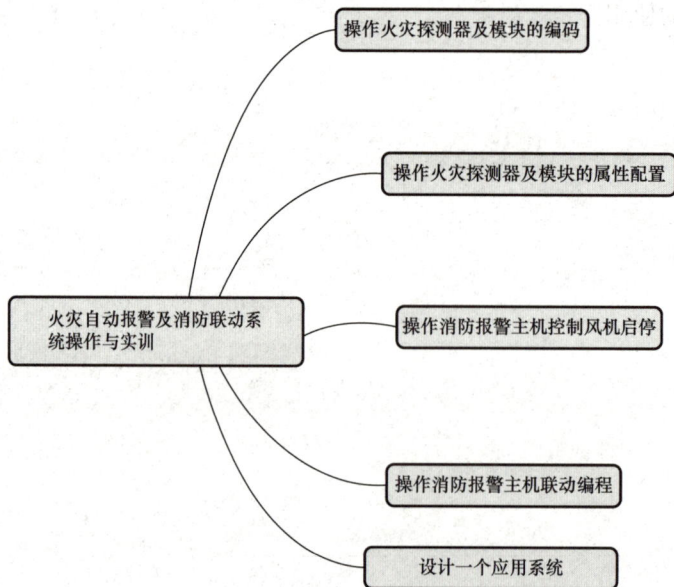

图 5-1-0　项目五任务导引图

任务一　操作火灾探测器及模块的编码

一、任务描述

本任务要求完成编码器的使用。该任务用到的器件有感烟探测器、感温探测器和中继模块等设备。智能楼宇管理员通过编码器对探测器和模块进行编码，可设定探测器和模块的地址。

学习目标：

掌握编码器对探测器和模块的编码方法。

二、学习准备

你知道吗？

国家标准《消防技术文件用消防设备图形符号》GB/T 4327—2008规定了火灾报警系统的技术要求和检验方法，是设计、制造、检验火灾报警系统的基本依据。作为一名未来的智能楼宇管理员，你应该通过互联网查阅一下此标准，以了解更多的相关知识。

消防子系统的输入输出模块、探测器和报警按钮等总线设备均需要设置地址，即编码。用到的编码工具就是电子编码器，如图 5-1-1 所示。

1. 电子编码器

编码器可对探测器、输入输出模块和报警按钮的地址、设备类型（详细请参见本项目附录）、灵敏度进行设定。编码前，将编码器连接线的一端插在编码器的总线插口内，另一端的两个夹子分别夹在探测器或模块的两根总线端子上。开机后对编码器做如下操作，即可实现各参数的写入设定。

（1）读码

按下"读码"键，液晶屏上将显示探测器或模块的已有地址码。按"增大"键，将依次显示脉宽、年号、批次号、灵敏度以及类型。按"清除"键，回到待机状态。如果读码失败，屏幕上将显示错误信息"E"，按"清除"键清除。

（2）写入地址码

在待机状态，输入探测器或模块的地址编码，按"编码"键，应显示符号"P"，表示编码完成。

图 5-1-1 所示为型号 FF-BMQ-1 型电子编码器。上部分为自带底座，中间为液晶屏，下部为按键区，按键功能为：

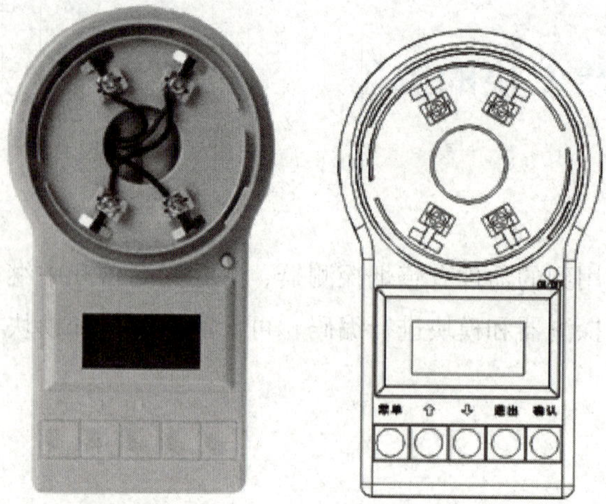

图 5-1-1　编码器外观图

（1）ON/OFF：使用电池供电时，作为电源开关键，长按 2s 开机，3s 关机；进入操作界面后，作为液晶背景光点亮选择键，长按 2s 回退上级菜单。

（2）菜单：菜单选择键。

（3）上行和下行键。

（4）退出：退出键。

2. 点型光电感烟探测器

图 5-1-2 所示 JTY-GD-3002C 点型光电感探测器。它是 JTY-GD-3001A 和 JTY-GD-3002A 两款感烟探测器的升级版，采用红外散射原理研制而成的点型光电感烟火灾探测器。本探测器结构新颖、外形美观、性能稳定可靠、抗潮湿性强，适用于宾馆、饭店、办公楼、教学楼、银行、仓库、图书馆、计算机房、配电室及船舶等场所。

3. 感温探测器

图 5-1-3 所示为感温探测器。该感温探测器采用无极性信号二总线技术，自带 A/D 转换单片机，可实时采样处理数据和软件地址编码。该探测器是差温、定温复合型探测器，定温报警温度可在 JB-3208 控制器上设置为 60℃、70℃、80℃、90℃、100℃五挡，特别适用于发生火灾时有剧烈温升的场所，与感烟探测器配合使用，能更可靠探测火灾，减少损失。

图 5-1-2　点型光电感烟探测器外观图

图 5-1-3　感温探测器外观图

4. 输入模块

图 5-1-4 所示为 HJ-1750 输入模块。输入模块用于接收消防联动设备输入的常开开关量信号，并将联动信息传回火灾报警控制器（联动型）。在现场与各种主动型设备，如

水流指示器、压力开关、位置开关、信号阀、湿式报警阀，以及能够送回开关信号的外部联动设备配接后，当这些设备动作时，输出的动作信号可由输入模块通过信号二总线送入火灾报警控制器产生动作报警信号，并可通过火灾报警控制器来联动其他相关设备动作。

5. 输入输出模块

图 5-1-5 所示为 HJ-1825 输入输出模块。输入/输出模块主要用于连接需要火灾报警控制器控制的消防联动设备，如消防泵、阀、口、电梯、广播切换等，并可接收设备的动作回答信号。

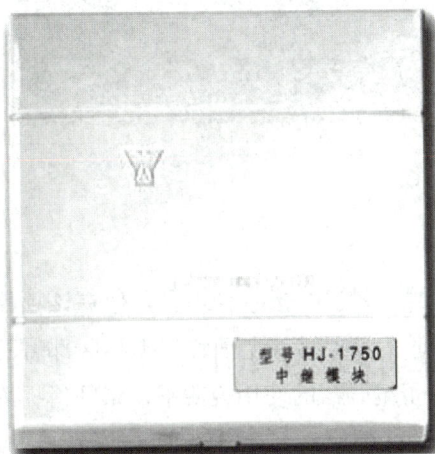

图 5-1-4　输入模块外观图

图 5-1-5　输入输出模块外观图

图 5-1-6　声光警报器外观图

6. 声光警报器

声光警报器是一种安装在现场的声光报警设备，可由消防控制中心的火灾报警控制器控制，也可通过无源触点直接控制。声光警报器启动后发出强烈的声光报警信号，以达到提醒现场人员注意的目的，如图 5-1-6 所示。

7. 手动报警按钮

手动火灾报警按钮（简称报警按钮）安装在公共场所，当人工确认火灾发生后，按下报警按钮上的按片，可向火灾报警控制器发出火灾报警信号，控制器接收到报警信号后，显示出报警按钮的编码信息并发出报警声响，如图 5-1-7 所示。

8. 消火栓按钮

消火栓按钮一般放置于消火栓箱内，其表面装有一按片。当发生火灾时，可直接按下按片，此时消火栓按钮的红色启动指示灯亮，并能向控制中心发出信号。一般不作为直接启动消防水泵的开关，如图 5-1-8 所示。

图 5-1-7　手动报警按钮外观图

图 5-1-8　消火栓按钮外观图

三、任务实施

张师傅是负责某小区火灾报警系统部署任务的一名智能楼宇管理员，他在该项目的第一个任务是设置小区内各楼栋探测器和模块的地址。张师傅首先了解到本小区部署的是型号为 FF-BMQ-1 电子编码器，通过认真阅读该电子编码器的使用说明书，张师傅提炼出了完成本任务的主要工作步骤。接下来，就让我们同张师傅一起走进该小区的每一栋楼，去设置探测器和模块的地址。

步骤 1：长按"ON/OFF"2s 开机。

步骤 2：对探测器和模块进行地址编码。

电子编码器的设置需要对探测器和模块进行地址编码，电子编码器设置步骤见表 5-1-1。

电子编码器编码设置步骤　　　　　　　　　　　　　　　　　　表 5-1-1

步骤	图示
第一步：连接探测器或模块。 1. 感烟感温探测器可以直接旋在电子编码器顶部底座上。 2. 模块和电子编码器的连接要通过 1 根编程连接线连接起来，将 6 口的编程连接线一头插在电子编码器底部，一头插在模块内部的 6 针插针上	

续表

步骤	图示
第二步：选择编码的系统。在待机状态下，点击"菜单"键选择 3208 系统（主机是 3208 系列），点击"确认"键，进入 3208 编码系统	 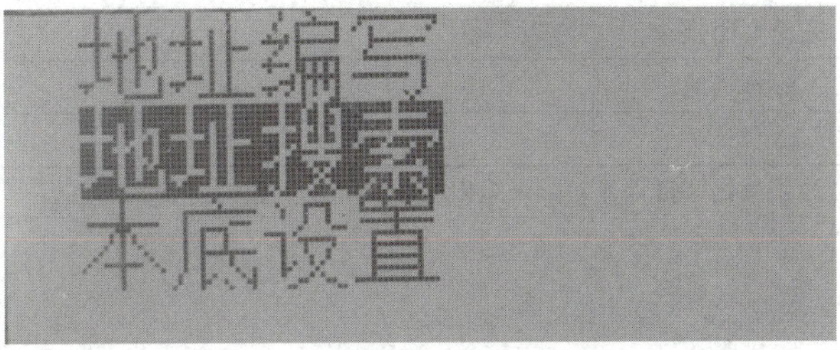 V2.2 9000系列产品 3208系列产品 1000系列产品 地址编写 地址搜索 本底设置
第三步：地址搜索。进入编码系统后，点击"菜单"键选择地址搜索菜单，点击"确认"键进入地址搜索界面，在界面初始状态下，点击"确认"键进行地址搜索，等一段时间，界面会跳出探测器或模块的当前地址	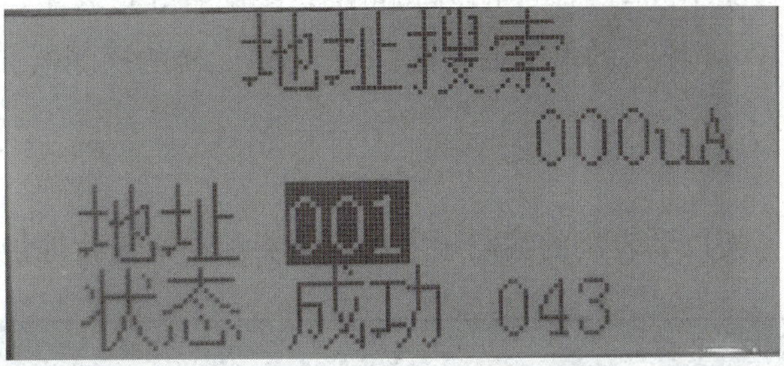 地址搜索 000uA 地址 001 状态 成功 043
第四步：地址编写。点击"退出"键退出搜索菜单，点击"菜单"键选择进入地址编写菜单，点击"确认"键进入地址编写界面，点击"上行"和"下行"键选择地址码，点击"确认"键进行地址码写入，编码成功会跳出成功两个字	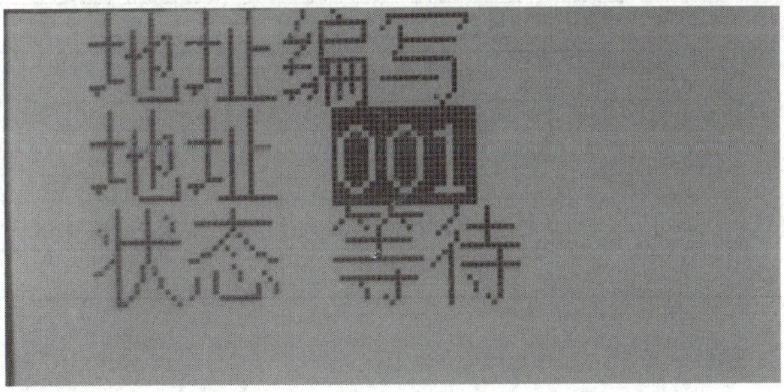 地址编写 地址 001 状态 等待
第五步：确认地址码。按照第三步对上一步的编码进行查看	

四、总结评价

1. 主题讨论

（1）在本任务实施过程中，"ON/OFF"键有什么作用？

（2）在编码过程中，如果忘记编过的地址码，该怎么办？

2. 填写评价表

根据电子编码器的完成情况，填写评价表 5-1-2。先在所在小组内完成自评和互评，各组再选派一名同学演示，请教师给小组评分。

电子编码器编码实训评价表   表 5-1-2

评价项目	配分	自评	组内互评	教师评分	总评
电子编码器编码成功	30				
搜索地址码成功	30				
工作态度	10				
安全文明操作	20				
整理场地	10				
合计					

注：总评＝自评×50％＋组内互评×30％＋教师评价×20％。

五、技能训练

某小区第 17 单元，高 14 层，每层有 3 户人家。请你作为一名智能楼宇管理员，通过图 5-1-1 所示的电子编码器，对 17 单元楼的探测器和模块进行编码设置。

六、知识拓展

按以下表格的编码顺序对探测器和模块进行地址编码。

序号	模块名称	编码	手动盘	设备定义
1	感烟火灾探测器	1	——	01（感烟探头）
2	感温火灾探测器	2	——	00（感温探头）
3	输入模块	3	——	10（压力开关）
4	输入输出模块	4	——	44（消防泵1）
5	声光警报器	5	——	26（声光报警）
6	手动报警按钮	6	——	05（手动按钮）
7	消火栓按钮	7	——	06（消火栓钮）

任务二　操作火灾探测器及模块的属性配置

一、任务描述

本任务要求完成消防报警主机对探测器和模块的属性配置。该任务用到的器件有感烟探测器、感温探测器、输入模块、输入输出模块、声光警报器、手动报警按钮、消火栓按钮和消防报警主机。智能楼宇管理员通过对火灾探测器、模块的属性配置，可加固总线型消防系统。

学习目标：

完成火灾探测器及模块的属性配置。

二、学习准备

1. 消防报警主机

消防报警主机即火灾报警控制器，是火灾自动报警系统的心脏，可实现集中控制，可向探测器供电，并具有用来接收火灾信号并启动火灾报警装置、能通过火警发送装置启动火灾报警信号或通过自动消防灭火控制装置启动自动灭火设备和消防联动控制设备、自动监视系统的正确运行和对特定故障给出声、光报警等功能。消防报警主机如图5-2-1所示，其特点如下：

图5-2-1 消防报警主机外观图

（1）每台控制器可配置72个全总线回路，每个回路可配置252点。控制器最大容量为18144点。

（2）每个全总线回路的配置：252点。采用软件编码的探测设备（包括手动报警按钮、消火栓按钮、水流指示器模块及其他输入模块。），同时采用模拟量探测器。

（3）每台控制器最多可配置160个多线联动模块，用于控制中央消防设备。每一块多线联动控制板可带8个多线联动点。每台控制器可带20块多线联动控制板，最多可带160个多线联动点。

（4）每台控制器最多可配置252台系统型火灾显示盘；回路型火灾显示盘按需要设置，每回路最多带8台回路型火灾显示盘。

（5）每台控制器具有2个标准RS-232串行通信接口，1540000点，可用来控制一个规模庞大的建筑群体的消防系统，其保护面积可达1500万 m^2。

（6）基本功能

1）系统能为火灾报警控制器主机供电，同时也对连接的其他部件如探测器、输入模块、手动报警按钮、控制模块和多线模块等供电。

2）系统供电电源具有不间断供电功能：当主电断电时，能自动切换到备电上去。当主电恢复时，又能自动切换到主电上来。主、备电的工作状态在面板上显示出来。

3）按新国标规定，报警信号分为两大部分："火灾报警"和"监管报警"。除火灾探测器、消火栓按钮和手动按钮的报警信号称为"火警"信号外，其他探测点的报警信号统统归纳为"监管报警"信号。控制器能直接或间接地接受来自火灾探测器和其他火灾触发器的火灾报警信号。当控制器处于"火灾报警"或"监管报警"状态时，具有如下功能：

① 具有声光报警显示功能。

② 显示并记忆"火灾报警"信号发生的时间，并能及时地自动打印出"火灾报警"数据。

③ "监管报警"信号与"火灾报警"信号一样，可以参与联动逻辑编程。"火灾报警"信号、"监管报警"信号、联动模块接收到的反馈信号均可作为联动逻辑编程的探测点。"火灾报警"信号在火灾报警时亮"火警"总灯，而"监管报警"信号在监管报警时亮"监管"总灯。

④ 控制器能自动保存以下六种记录数据：运行记录、火警记录、联动记录、监管记录、故障记录、系统更改记录等历史记录数据，这些历史记录数据不会因为断电而丢失。

4）控制器具有系统自检功能：对面板上所有的功能指示灯、LCD 液晶显示屏、音响系统以及打印机进行自检。若带有 ZY-4B 气体灭火控制器也能对灭火控制器进行声光提示检查。

能自动检测并显示以下几种故障信息：

① 控制器与探测器、输入模块、手动报警按钮、联动模块间的断线故障。

② 能检测到总线短路故障和外控 24V 短路或无输出故障，并在面板上都有显示。

③ 各种终端设备的通信错误设置和通信故障。例如，灭火柜等设备的通信故障等。

④ 主、备电出现欠压故障。

⑤ 能查看到网上邻居的各种故障信息。

5）具有屏蔽功能：对所有连接的探测器、输入模块、手动报警按钮、联动模块的地址均可进行屏蔽操作，并在面板上用屏蔽状态灯来指示。一旦该报警点或联动点被屏蔽后，就不再有报警或联动功能，并且不显示其故障。

6）采用 LCD 液晶显示屏，有 60 多种中文显示菜单，供用户查看或修改系统的部分内容。中文输入采用全拼输入法，操作简单，显示直观。

7）为了明显区别查看和编程的两种功能，本系统设置了两种密码：

① 查看密码：1234。先按编程键，输入查看密码后再按确认键，即可进入查看菜单。允许用户查看系统内部的配置情况，查看各项配置数据和各种信息。同时允许用户调整系统时间、进行系统自检等操作。屏蔽操作在编程菜单的"属性配置"中进行。

② 修改密码：4321。先按编程键，输入修改密码后再按确认键即可进入编程菜单，可以进行本机系统的各项编程、修改网上邻居的有关数据和对网上邻居联动模块的远程控制等。COM1 串行通信接口：与 HJ-1910 型 CRT 彩显系统联网。

（7）面板介绍

图 5-2-2 所示为 JB-3208 型消防报警控制器主面板、操作键盘图。功能区块介绍如下：

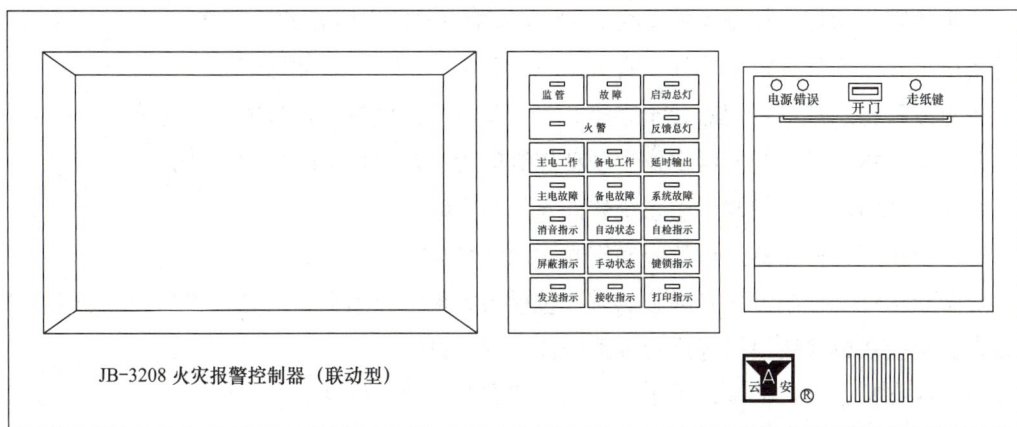

图 5-2-2　JB-3208 型消防报警控制器主面板、操作键盘图

1）LCD 液晶显示屏：位于控制器的左上角。能显示控制器的各种状态，有 60 多种中文显示菜单，供用户编程、查看、屏蔽、远程控制等操作使用。中文输入采用"全拼输入法"，操作简便而易学，显示清晰且直观。

2）控制器系统状态显示屏：位于控制器上方的中央部分，如图 5-2-3 所示，其指示灯介绍如下：

火警总灯：控制器中任意一只火灾探测器报警或手动按钮报警时，此红灯亮。

监管总灯：控制器中属"监管"报警的探测点报警时，此红灯亮。

故障总灯：控制器中任意一个探测点或联动点有故障或有其他系统故障时，此黄灯亮。

启动总灯：控制器中任意一个联动模块被启动后，此红灯亮。

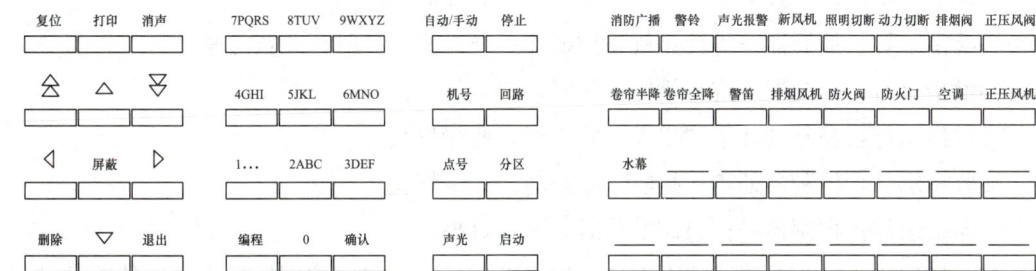

图 5-2-3　控制器的系统状态显示屏

反馈总灯：控制器中任意一个联动模块接收到被控设备的反馈信号以后，此红灯亮。

主电工作指示灯：控制器处于交流 220V（主电）供电时，此绿灯亮。

主电故障指示灯：控制器处于交流 220V（主电）断电时，此黄灯亮。

备电工作指示灯：控制器处于直流 24V（备电）供电时，此绿灯亮。

备电故障指示灯：控制器处于直流 24V（备电）断电或其他故障时，此黄灯亮。

延时输出指示灯：控制器中发生联动控制的延时输出现象时，此黄灯亮。

系统故障指示灯：控制器中系统软件发生故障时，此黄灯亮。

消声指示灯：控制器进行消声操作时，此绿灯亮。

屏蔽指示灯：控制器内有屏蔽点时（包括火灾报警探测点、监管报警探测点、火灾显示盘、控制模块或多线模块等进行屏蔽操作），此黄灯亮。

自动状态指示灯：控制器处于"自动"状态时，此绿灯亮。

手动状态指示灯：控制器处于"手动"状态时，此绿灯亮。

自检指示灯：控制器在进行系统自检操作（声光测试）时，此黄灯亮。

锁键指示灯：控制器中进行锁键操作时，此黄灯亮。

发送指示灯：控制器处于"发送"状态时，此绿灯亮。

接收指示灯：控制器处于"接收"状态时，此绿灯亮。

打印指示灯：控制器进行打印操作时，此绿灯亮。

热敏打印机：位于控制器的右上角。能自动或手动打印出控制器的火警、故障及其他各种数据。用热敏打印纸，不需要色带。电源指示灯亮表示打印机电源正常；错误指示灯闪亮，表示打印机系统有故障，按"走纸键"钮，可进行空白走纸。

控制器喇叭：在打印机的下方。能发出控制器所需的火警音、监管音、联动音以及故障音。

3）控制器操作键盘：在控制器主面板的下方，有 4 个键盘区：系统键区；数字键区；状态键区；类别键区。

① 系统键区：（12 键）

A. 复位键：按下此键，可使本控制器进行系统复位。

B. 打印键：按下此键，允许打印，同时打印指示灯亮；再按一次，禁止打印，同时打印指示灯灭。控制器在某些菜单下，能进行打印操作。

C. 消声键：按下此键，可以消除各种声响（包括火警声、故障声、监管声和联动声等）。

D. 删除键：在控制器"编程菜单"的编程过程中，按下此键，可以删除选中的编程内容。

E. 退出键：在控制器"编程菜单"中，按下此键，可以退回到上一级菜单。在某"编程菜单"中进行修改后，按"退出"键，弹出"保存/放弃"选择后确认的菜单。

F. 屏蔽键：在控制器"属性配置"编程中，按下此键，可以把选中的地点（某回路点号）命名为"屏蔽点"。再按一次屏蔽键，此点为"预留点"。再按一下，就退出"屏蔽"状态了。另外，屏蔽键可以快捷查看屏蔽信息和预留信息。

G. 方向键：除了上、下、左、右 4 个方向键外，还有 2 个上下翻页键。它们的操作方法，可以自行实际操作。特别注意的是，这 6 个方向键的"快捷键"功能：向上键为

"查看火警信息"快捷键；向下键为"查看监管信息"快捷键；向左键为"查看故障信息"快捷键；向右键为"查看当前配置"快捷键；向上翻页键为"查看联动信息"快捷键；向下翻页键为"查看启动提示"快捷键。

② 数字键区：（12 键）

A. 10 个数字键：0～9 此 10 个数字键，一键多用。在用全拼输入法编辑汉字地址时，对应情况如下：

1（……），2（ABC），3（DEF），4（GHI），5（JKL），6（MNO），7（PQRS），8（TUV），9（WXYZ），0（空）。

B. 编程键：按下此键后，输入修改密码（4321），可直接进入"编程主菜单"；输入查看密码（1234），可直接进入"查看主菜单"。

C. 确认键：按下此键，能够确认在各编程菜单中，"保存"所修改的内容。

D. 数字"0"键：为"单步测试"快捷键。按此键屏幕显示"单步测试"对话框，可以进行单步测试。

③ 总线联动操作键区：（8 键）

A. "自动/手动"状态选择键：按下此键，控制器在"自动"或"手动"状态之间进行选择。

B. 停止键：按下此键，可以使得总线联动操作停止。

C. 机号键：按下此键，可以选择机号（配用数字键或上下键）。

D. 回路键：按下此键，可以选择回路号（配用数字键或上下键）。

E. 点号键：按下此键，可以选择点号（配用数字键或上下键）。

F. 分区键：按下此键，可以选择分区号（配用数字键或上下键）。

G. 声光键：按下此键，启动系统声光警报器。再按此键，系统声光警报器停止。

H. 启动键：按下此键，可以发出总线联动操作启动信号。

④ 联动模块类别键区：（32 键；15 个待定键）

A. 消防广播。

B. 警铃。

C. 声光报警。

D. 新风机。

E. 照明切断。

F. 动力切断。

G. 排烟阀。

H. 正压送风阀。

I. 卷帘门半降。

J. 卷帘门全降。

K. 警笛。

L. 排烟风机。

M. 防火阀。

N. 防火门。

O. 空调。

P. 正压送风机。

Q. 水幕。

⑤ 多线联动控制面板的各部位名称介绍（图 5-2-4）：

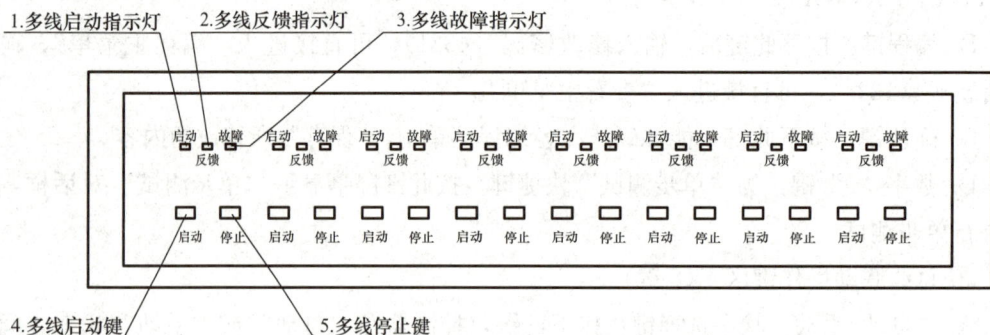

图 5-2-4　多线联动控制面板的各部位名称

A. 多线启动指示灯：此灯常亮，表示该 HJ-1807A 中继模块已经启动，并且已经接收到反馈信号。此灯闪亮，表示该 HJ-1807A 中继模块已经启动，等待设备反馈信号到来。

B. 多线反馈指示灯：此灯常亮，表示该 HJ-1807A 中继模块已经接收到被控设备的反馈信号。此灯闪亮，则表示符合逻辑编程的提示动作信号。

C. 多线故障指示灯：此灯常亮，表示该 HJ-1807A 中继模块处于故障状态，需要及时修复。

D. 多线启动键：按下此键，使得 HJ-1807A 中继模块的继电器动作，其常开触点闭合，从而使得被控设备进入"手动启动"状态。模块的手动启动总是优先。

E. 多线停止键：按下此键，使得 HJ-1807A 中继模块的继电器释放，其常开触点又打开。此时，"启动"和"反馈"指示灯同时熄灭，则表示多线外控设备已经停机。

F. 多线控制板背面的 8 位拨码开关用来选择多线接通点，ON 接通。6 位拨码开关用来设置多线控制板号，ON 有效。000000 为 1 号多线控制板；100000 为 2 号多线控制板；…；110010 为 20 号多线控制板，最多可带 20 块多线控制板。最后一位为调试位，用户可以不管它。另外，增加一个键锁开关。当它处于"关"状态时，该多线联动点的"启动"键"停止"键均被封闭。

2. 设备的线路连接

图 5-2-5 是火灾探测器及模块与消防报警主机的接线图，按图连接线路后，即可设置探测器和模块在消防主机上的属性配置。

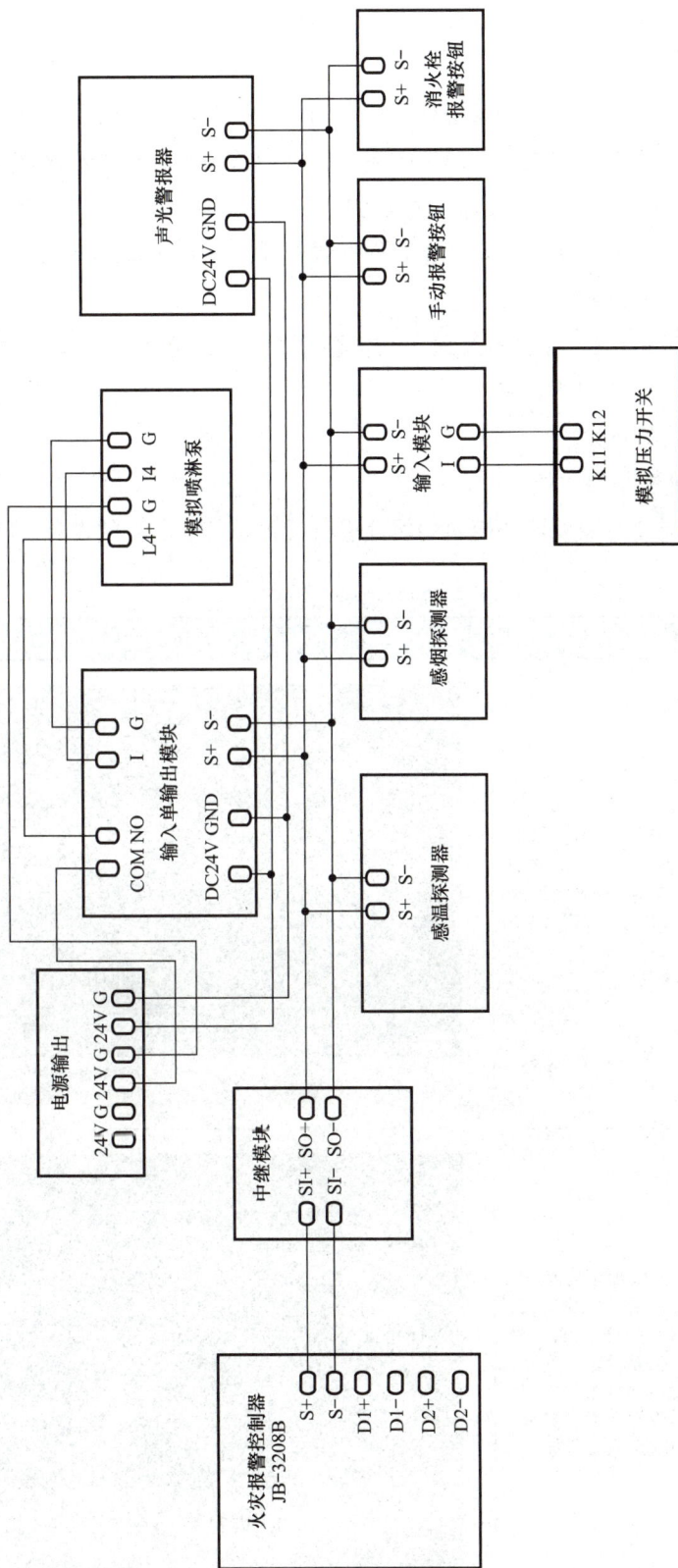

图5-2-5　火灾探测器及模块与消防报警主机的接线图

三、任务实施

张师傅是负责某小区火灾报警系统部署任务的一名智能楼宇管理员，他的第二个任务是设置小区内各楼栋探测器和模块的属性配置。张师傅首先了解到本小区部署的是型号为 JB-3208B 消防报警主机，通过认真阅读该消防报警主机的使用说明书，张师傅提炼出了完成本任务的主要工作步骤。接下来，就让我们同张师傅一起走进该小区的每一栋楼，去设置探测器和模块的属性配置。

步骤 1：按图 5-2-5 火灾探测器及模块与消防报警主机的接线图要求，用 3 号导线将报警主机和探测器、模块连接起来。

步骤 2：打开电源开关。

步骤 3：配置消防报警主机。

消防报警主机需要对探测器和模块的属性进行设置，其中属性的设置步骤见表 5-2-1。

电子编码器编码设置步骤   表 5-2-1

步骤	图示
第一步：进入编程主菜单。在待机界面，首先按编程键后，LCD 提示：请输入密码（出厂预置修改密码为 4321；查看密码为 1234）。输入修改密码 4321 后，LCD 屏立即显示编程主菜单界面	
第二步：回路配置。进入编程主菜单后，用方向键选择回路配置，点击"确定"键，进入回路配置界面，通过方向键和数字键将回路总数设为 1，在 1 回路设置点数为 7（消防主机连接了 7 个探测器或模块），按"退出"键，界面跳出"保存"或"放弃"菜单，选择"保存"退出回路配置界面	

续表

步骤	图示
	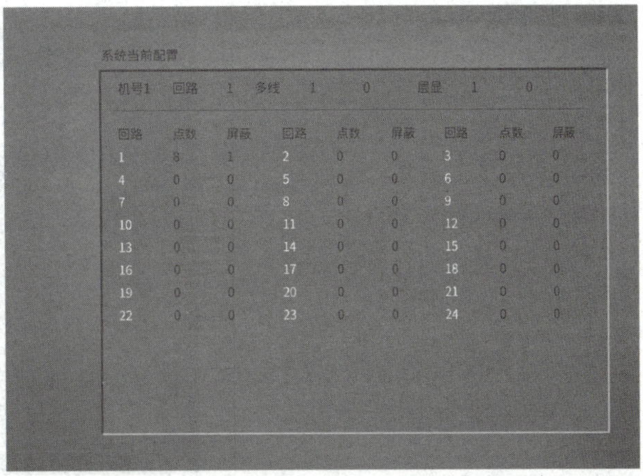
第三步：属性配置。用方向键选择属性配置，点击"确定"键，进入属性配置界面，通过方向键和数字键对探测器和模块进行点号和类型的配置。点号和类型按照任务一的知识拓展表格进行设置，按"退出"键，界面跳出"保存"或"放弃"菜单，选择"保存"退出属性配置界面	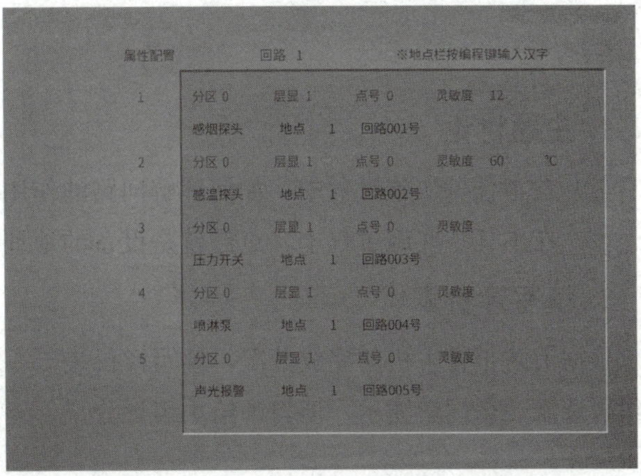
第四步：单步测试。在编程主菜单界面，进入系统调试菜单，通过方向键选择单步测试菜单，点击"确定"键，进入单步测试菜单，输入回路号：1，点号：5，点击"确定"键，状态会显示正常，现场类型会显示设备的类型，代表属性配置成功	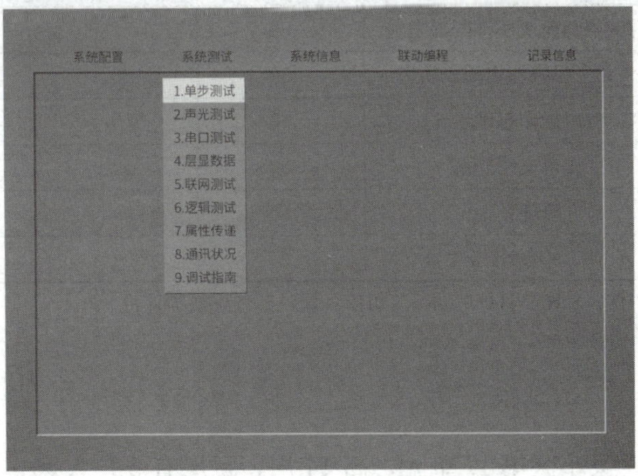

续表

步骤	图示
	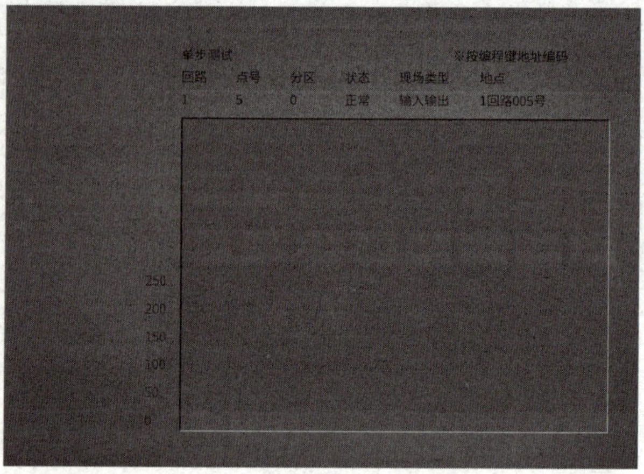

四、总结评价

1. 主题讨论

（1）在本任务实施过程中，如何理解回路的作用？

（2）在本任务实施过程中，点号就是设备的地址码吗？

2. 填写评价表

根据消防报警主机的完成情况，填写评价表 5-2-2。先在所在小组内完成自评和互评，各组再选派一名同学演示，请教师给小组评分。

消防报警主机属性配置实训评价表　　　　　　　　表 5-2-2

评价项目	配分	自评	组内互评	教师评分	总评
探测器和模块属性配置正确	30				
声光报警器启动成功	30				
工作态度	10				
安全文明操作	20				
整理场地	10				
合计					

注：总评＝自评×50％＋组内互评×30％＋教师评价×20％。

五、技能训练

某小区第 17 单元，高 14 层，每层有 3 户人家。请你作为一名智能楼宇管理员，通过图 5-2-1 所示的消防报警主机，设置 17 单元楼的探测器和模块的属性。

任务三 操作消防报警主机控制风机启停

一、任务描述

本任务要求完成消防报警主机控制风机的启停。该任务用到的器件有多线模块、消防报警主机。智能楼宇管理员通过消防报警主机的设置和设备的接线，可完成对控制设备的启停操作。

学习目标：

1. 掌握消防报警主机控制报警设备的启停编程方法；

2. 完成消防报警主机和报警设备的接线。

二、学习准备

1. 多线模块

HJ-1807 多线模块用于控制消防泵、喷淋泵和风机等重要设备；用于控制消防泵、喷淋泵和风机等重要设备的启动与停止，并接收控制消防泵、喷淋泵和风机等重要设备启动后输入的常开或常闭开关量信号，并将联动信息传回火灾报警控制器（联动型）。这些设备动作后，输出的动作信号可由模块通过信号二总线送入火灾报警控制器，确定设备已启动，如图 5-3-1 所示。

2. 设备的线路连接

图 5-3-2 是消防报警主机的接线图，按图连接线路后，即可设置消防报警主机控制风机的启停。

图 5-3-1　多线模块外观图

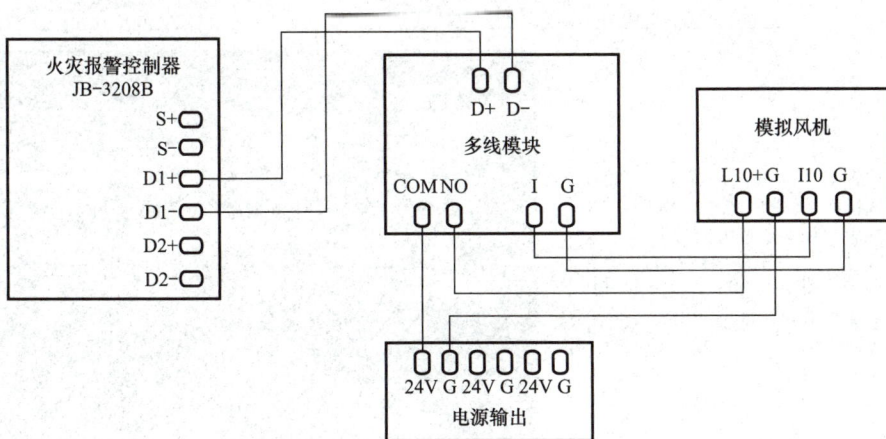

图 5-3-2　多线模块与消防报警主机的接线图

三、任务实施

张师傅是负责某小区火灾报警系统部署任务的一名智能楼宇管理员，他的第三个任务是操作消防报警主机控制风机的启停控制。张师傅首先了解到本小区部署的是型号为 JB-3208B 消防报警主机，通过认真阅读该消防报警主机的使用说明书，张师傅提炼出了完成本任务的主要工作步骤。接下来，就让我们同张师傅一起走进该小区的每一栋楼，去操作消防报警主机控制风机的启停控制。

步骤1：按图 5-3-2 多线模块与消防报警主机的接线图要求，用 3 号导线将报警主机和多线模块连接起来。

步骤2：打开电源开关。

步骤3：配置消防报警主机。

消防报警主机需要对回路进行设置，其中回路的设置步骤见表 5-3-1。

多线模块回路设置步骤   表 5-3-1

步骤	图示
第一步：进入编程主菜单。在待机界面，首先按编程键后，LCD 提示：请输入密码（出厂预置修改密码为 4321；查看密码为 1234）。输入修改密码 4321 后，LCD 屏立即显示编程主菜单界面	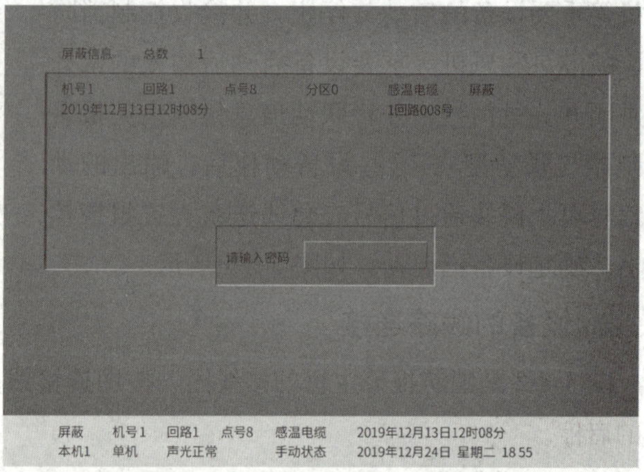
第二步：回路配置。进入编程主菜单后，用方向键选择回路配置，点击"确定"键，进入回路配置界面，通过方向键和数字键将多线总数设为：1（消防主机连接了1个多线模块），按"退出"键，界面跳出"保存"或"放弃"菜单，选择"保存"退出回路配置界面	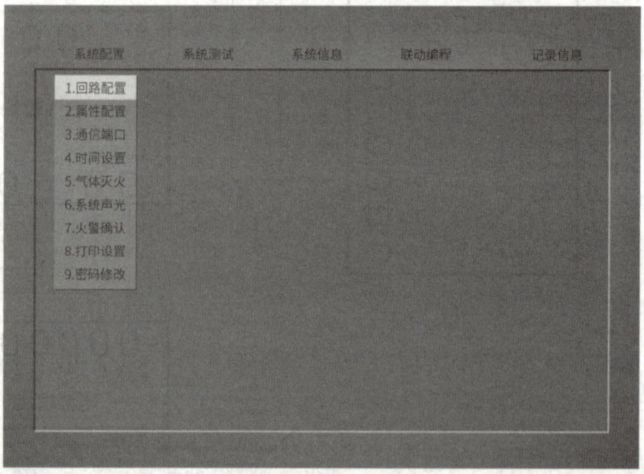

续表

步骤	图示
第三步：属性配置。用方向键选择属性配置，点击"确定"键，进入属性配置界面，通过方向键和数字键对多线模块进行设备类型和地点的设置，按"退出"键，界面跳出"保存"或"放弃"菜单，选择"保存"退出属性配置界面	
第四步：测试。在消防报警主机左下角多线联动控制面板，在第一路多线面板，按下"启动"键，模拟风机指示灯点亮，消防主机液晶显示屏显示启动信息，按下"停止"键指示灯。消防报警主机控制风机启停成功	

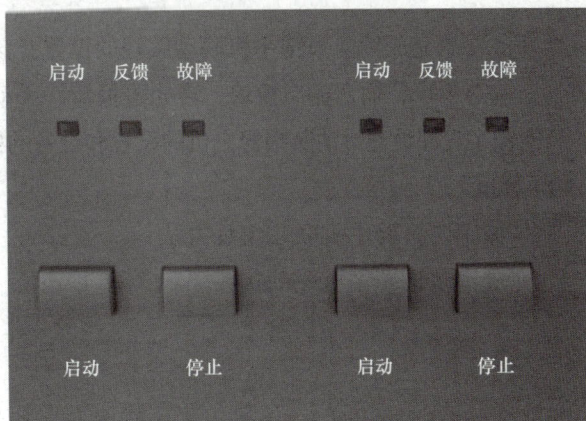

四、总结评价

1. 主题讨论

（1）在本任务实施过程中，如何理解多线总数的含义？

（2）在本任务实施过程中，如何理解多线模块地点的含义？

2. 填写评价表

根据消防报警主机的完成情况，填写评价表 5-3-2。先在所在小组内完成自评和互评，各组再选派一名同学演示，请教师给小组评分。

消防报警主机控制风机启停实训评价表　　　　表 5-3-2

评价项目	配分	自评	组内互评	教师评分	总评
线路连接正确	30				
消防报警主机控制风机启停成功	30				
工作态度	10				
安全文明操作	20				
整理场地	10				
合计					

注：总评＝自评×50％＋组内互评×30％＋教师评价×20％。

五、技能训练

某小区第 17 单元，高 14 层，每层有 3 户人家。请你作为一名智能楼宇管理员，通过图 5-2-1 所示的消防报警主机，控制 17 单元楼风机的启停。

任务四　操作消防报警主机联动编程

一、任务描述

本任务要求完成消防报警主机联动编程的设置。该任务用到的器件有感烟探测器、感温探测器、输入模块、输入输出模块、声光警报器、手动报警按钮、消火栓按钮和消防报警主机。智能楼宇管理员通过消防报警主机的设置和设备的接线，可实现火灾报警系统的联动操作。

学习目标：

1. 掌握消防报警主机联动编程方法；

2. 完成消防报警主机联动接线。

二、学习准备

设备的线路连接：图 5-4-1 是火灾探测器及模块与消防报警主机的接线图，按图连接线路后，即可设置消防报警主机的联动编程。

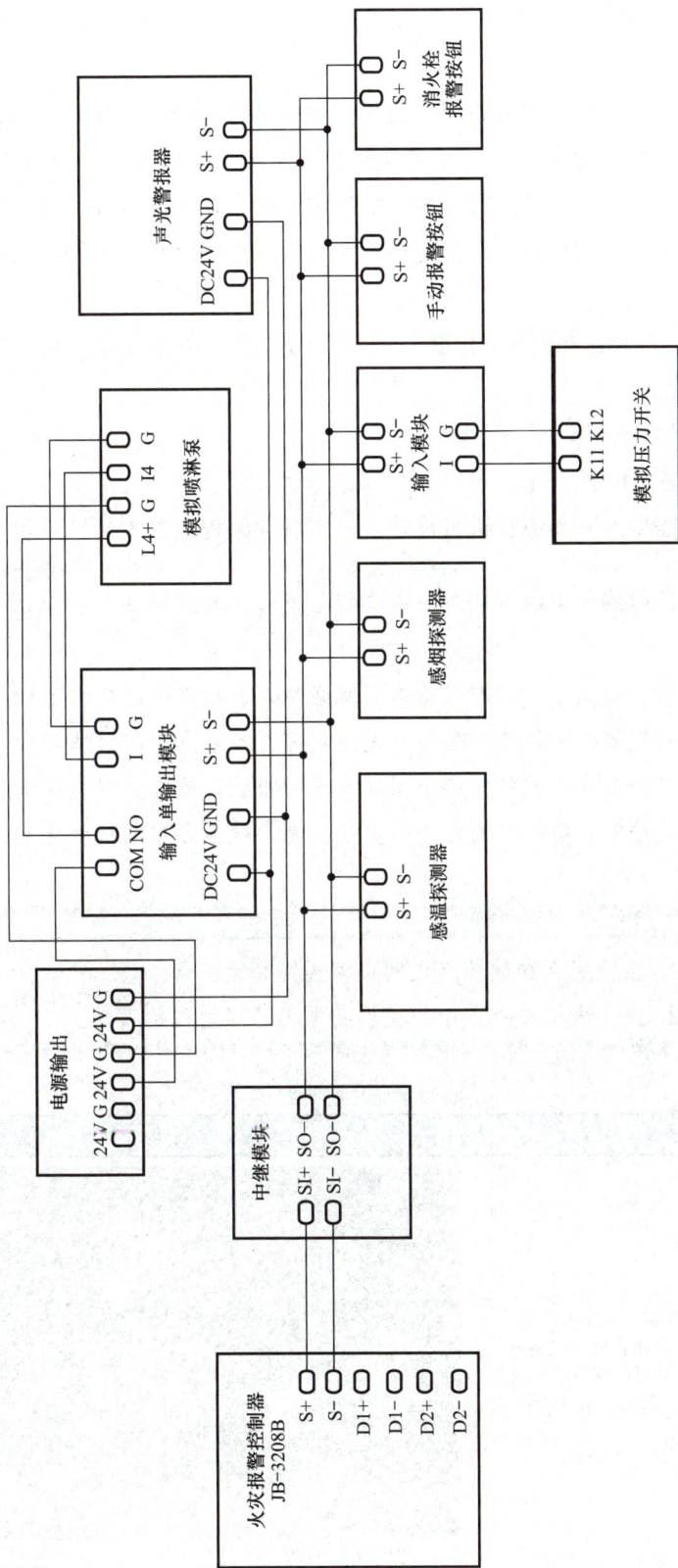

图5-4-1 消防报警主机联动接线图

三、任务实施

张师傅是负责某小区火灾报警系统部署任务的一名智能楼宇管理员，他的第四个任务是操作消防报警主机的联动编程。张师傅首先了解到本小区部署的是型号为 JB-3208B 消防报警主机，通过认真阅读该消防报警主机的使用说明书，张师傅提炼出了完成本任务的主要工作步骤。接下来，就让我们同张师傅一起走进该小区的每一栋楼，去完成消防报警主机的联动编程。

步骤1：按图 5-4-1 消防报警主机联动接线图的要求，用 3 号导线将报警主机、探测器、模块连接起来。

步骤2：打开电源开关。

步骤3：配置消防报警主机。

消防报警主机需要对联动编程进行设置，其中联动编程设置步骤见表 5-4-1。

> 小贴士：在逻辑编程中的与或逻辑有"相与逻辑、相或逻辑、任意两点、停止逻辑"四种。
>
> 相与逻辑：指控制点中的所有探测器同时报警，被控点中的模块启动。
>
> 相或逻辑：指控制点中的探测器任一发生报警，被控点中的模块启动。
>
> 任意两点：指控制点中的任意两个探测器同时报警，被控点中的模块启动。
>
> 停止逻辑：指控制点中的探测器任一发生报警，被控点中的模块由启动状态转入停止状态。

> **注意事项**：1. 在控制点和被控点之间按编程键切换。
>
> 2. 停止逻辑被控点中的模块必须为已启动过的模块。

联动编程设置步骤   表 5-4-1

步骤	图示
第一步：进入编程主菜单。在待机界面，首先按编程键后，LCD 提示：请输入密码（出厂预修改密码为 4321；查看密码为 1234）。输入修改密码 4321 后，LCD 屏立即显示编程主菜单界面	屏蔽信息　总数　1 机号1　回路1　点号8　分区0　感温电缆　屏蔽 2019年12月13日12时08分　　　　　　　　1回路008号 请输入密码 屏蔽　机号1　回路1　点号8　感温电缆　2019年12月13日12时08分 本机1　单机　声光正常　手动状态　2019年12月24日 星期二 18:55

续表

步骤	图示
第二步：联动编程。进入编程主菜单后，用方向键选择与或逻辑菜单，点击"确定"键，进入联动编程界面，通过方向键选择相或逻辑，连按两次"确定"键，进入相或逻辑编辑界面，开始第1组的联动编程，按图所示输入控制点和被动点的信息，按"退出"键，界面跳出"保存"或"放弃"菜单，选择"保存"退出联动编程界面	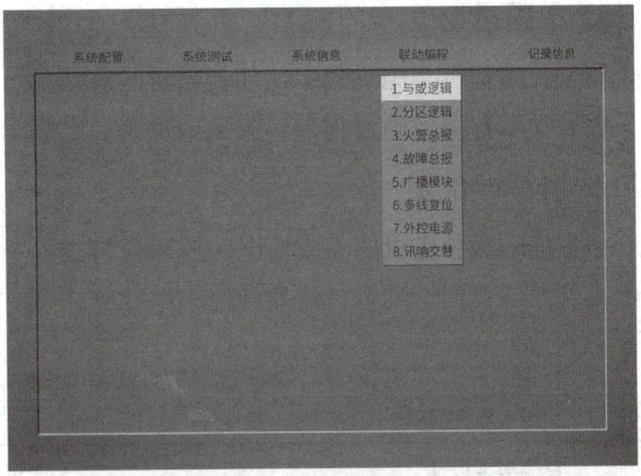 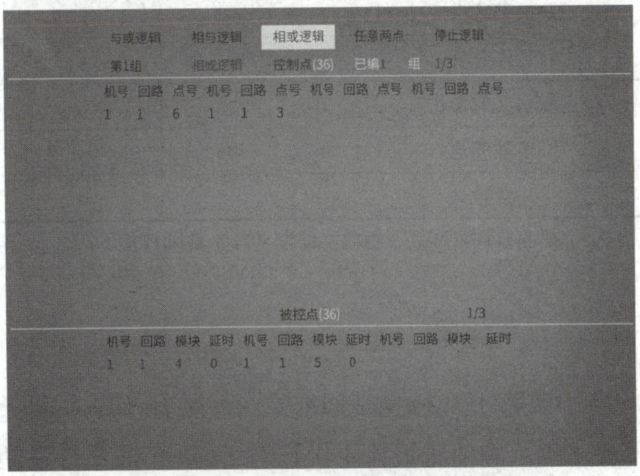
第三步：测试。按下手动报警按钮的按片，可向火灾报警控制器发出火灾报警信号，消防报警主机按照被控点的信息启动声光警报器和模拟喷淋泵指示灯	
第四步：复位。恢复手动报警按钮的按片，同时按下消防报警主机的复位键，消防报警主机进入正常监控状态	

四、总结评价

1. 主题讨论

（1）在本任务实施过程中，如何做延时启动？

（2）在本任务实施过程中，怎么增加第 2 组联动编程？

2. 填写评价表

根据消防报警主机的完成情况，填写评价表 5-4-2。先在所在小组内完成自评和互评，各组再选派一名同学演示，请教师给小组评分。

消防报警主机联动编程实训评价表 表 5-4-2

评价项目	配分	自评	组内互评	教师评分	总评
线路连接正确	30				
消防报警联动成功	30				
工作态度	10				
安全文明操作	20				
整理场地	10				
合计					

注：总评＝自评×50％＋组内互评×30％＋教师评价×20％。

五、技能训练

某小区第 17 单元，高 14 层，每层有 3 户人家。请你作为一名智能楼宇管理员，通过图 5-2-1 所示的消防报警主机，对 17 单元楼进行联动编程设置。

任务五　设计一个应用系统

一、任务描述

在完成本项目所有实训课的基础上，根据实训指导老师提出消防设计方案要求，自己组建一个具有特定功能的消防联动报警系统。

设计要求：

1. 在主要通道上配备手动报警按钮和报警设备；

2. 两处在正常情况下有烟滞留，风速大于 5m/s；

3. 一处是厨房；

4. 在配电房配置感温电缆；

5. 配备背景音乐和消防广播；

6. 在主要通道配备消防警铃；

7. 任意一探测器触发后，联动声光报警器响应。

二、学习目标

1. 熟悉和了解整套消防联动报警系统；

2. 培养自己的动手能力和创造力。

三、任务实施

1. 请根据本任务要求，在下表中填写所需用的实训设备和材料

（1）实训设备

序号	设备名称	型号	数量
1			
2			
3			
4			
5			
6			

（2）材料

序号	材料名称	规格	数量
1			
2			
3			
4			
5			
6			

2. 请画出本任务的系统接线图

3. 请按照以下步骤，完成本实训任务

（1）根据系统接线图接线。

（2）各探测器和模块编码。

（3）配置总回路。

（4）配置多线模块

（5）声光报警器联动编程。

（6）功能演示。

附录　设备类型表

外部设备定义

代码	设备类型	代码	设备类型	代码	设备类型	代码	设备类型
00	感烟探头	15	并联探头	30	防排烟阀	45	消防泵2
01	感温探头	16	开关感烟	31	正压风阀	46	喷淋泵
02	差温探头	17	开关感温	32	卷帘半降	47	门禁
03	剩余电流	18	信号蝶阀	33	卷帘全降	48	挡烟垂壁
04	电气测温	19	防火阀（入）	34	消防警笛	49	其他07
05	手动按钮	20	输入（输出）	35	排烟风机	50	其他08
06	消火栓钮	21	脉冲方式	36	防火阀出	51	其他09
07	感温电缆	22	自动方式	37	防火门	52	其他10
08	火焰探测	23	自动脉冲	38	空调切断	53	其他11
09	红外光束	24	消防广播	39	正压风机	54	多线模块
10	压力开关	25	消防警铃	40	消防水幕	55	气体灭火
11	可燃气体	26	声光报警	41	电梯迫降	56	
12	水流指示	27	新风机	42	雨淋阀	57	
13	输入模块	28	照明切断	43	应急照明	58	
14	火灾显示	29	动力切断	44	消防泵1	59	

项目 六
综合布线及计算机网络系统操作与实训

综合布线系统（也称为结构化布线系统）是一种模块化、灵活性极高的建筑物内或建筑群之间的信息传输通道。它既能使语音、数据、图像设备和交换设备与其他信息管理系统彼此相连，也能使这些设备与外部相连接。综合布线是一种预布线，采用积木化、模块化设计，遵循统一标准，不仅易于实施，而且能随需求的变化而平稳升级。

根据国际标准 ISO 11801 的定义，结构化布线系统可分为下列六个子系统：工作区子系统、水平子系统、管理子系统、垂直干线子系统、设备间子系统和建筑群子系统。

1. 工作区子系统

工作区子系统的目的是实现工作区终端设备与水平子系统之间的连接，由信息插座、插座盒、连接跳线和适配器组成。

2. 水平子系统

水平子系统也称配线子系统。目的是实现信息插座和管理子系统（跳线架）间的连接，将用户工作区引至管理子系统，并为用户提供一个符合国际标准，满足语音及高速数据传输要求的信息点出口。

3. 管理子系统

管埋子系统由交连、互连配线架组成。管理点为连接其他子系统提供连接手段。交连和互连允许将通信线路定位或重新定位到建筑物的不同部分，以便能更容易地管理通信线路，使其在移动终端设备时能方便地进行插拔。

4. 垂直干线子系统

垂直干线子系统的目的是实现计算机设备、程控交换机（PBX）、控制中心与各管理子系统间的连接，是建筑物干线电缆的路由。该子系统通常是两个单元之间，特别是在位于中央点的公共系统设备处提供多个线路设施。

5. 设备间子系统

设备间子系统主要是由设备间中的电缆、连接器和有关的支撑硬件组成，作用是将计算机、PBX、摄像头、监视器等弱电设备互连起来并连接到主配线架上。设备包括计算机系统、网络集线器（Hub）、网络交换机（Switch）、程控交换机（PBX）、音响输出设备、闭路电视控制装置和报警控制中心等。

6. 建筑群子系统

建筑群子系统将一个建筑物的电缆延伸到建筑群的另外一些建筑物中的通信设备和装置上，是结构化布线系统的一部分，支持提供楼群之间通信所需的硬件。它由电缆、光缆和入楼处的过流过压电气保护设备等相关硬件组成，常用介质是光缆。

本项目共包含6个工作任务，如图6-1-0所示。通过这6个工作任务的实施，学生可以掌握综合布线系统的RJ45跳线的制作、配线架端接、信息模块端接、110配线架端接、程控交换机配置、IP电话配置等技能。

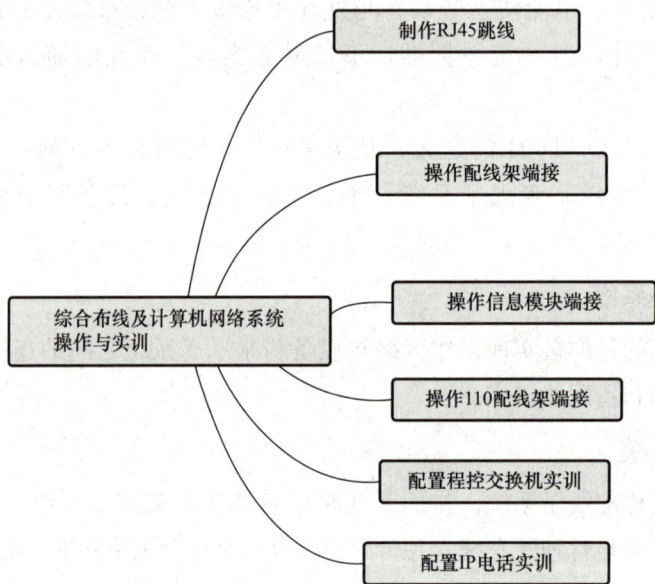

图 6-1-0　项目六任务导引图

任务一　制作 RJ45 跳线

一、任务描述

本任务要求完成 RJ45 跳线的制作。该任务用到的工具有 RJ45 网线钳、网络测试仪。通过使用网线钳制作不同标准的网线，掌握 RJ45 跳线制作。

学习目标：

1. 了解 RJ45 水晶头的结构以及制作方法；
2. 熟练掌握网线测试仪的使用。

二、学习准备

你知道吗？

行业标准《综合布线系统工程设计规范》GB 50311—2016 规定了综合布线系统的技术要求和检验方法，是设计、制造、检验综合布线系统的基本依据。作为一名未来的智能楼宇管理员，你应该通过互联网查阅一下此标准，以了解更多的相关知识。

RJ45 跳线

RJ45 接口通常用于数据传输，最常见的应用为网卡接口。RJ45 是各种不同接头的一种类型，RJ45 根据线的排序不同有两种：

T568A：白绿、绿、白橙、蓝、白蓝、橙、白棕、棕；T568B：白橙、橙、白绿、蓝、白蓝、绿、白棕、棕。因此使用 RJ45 水晶头的线也有两种：直通线和交叉线，如图 6-1-1 所示。

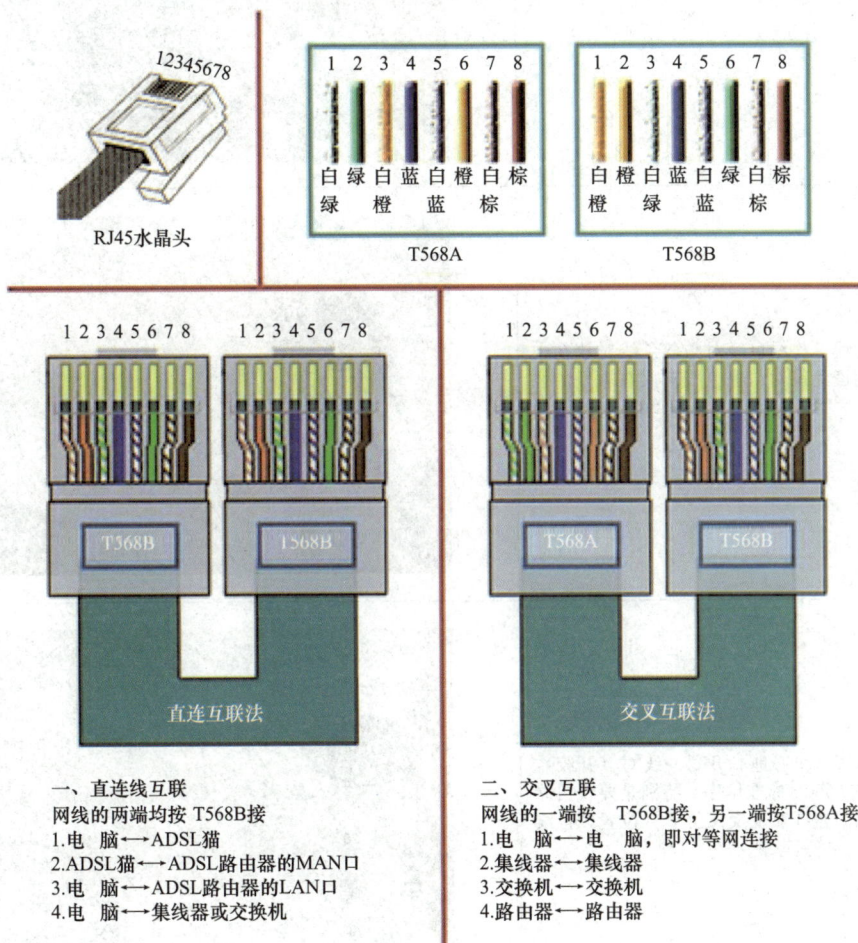

一、直连线互联
网线的两端均按 T568B 接
1.电　脑←→ADSL猫
2.ADSL猫←→ADSL路由器的MAN口
3.电　脑←→ADSL路由器的LAN口
4.电　脑←→集线器或交换机

二、交叉互联
网线的一端按 T568B 接，另一端按T568A接
1.电　脑←→电　脑，即对等网连接
2.集线器←→集线器
3.交换机←→交换机
4.路由器←→路由器

图 6-1-1　RJ45 水晶头排线图

三、任务实施

张师傅是负责某小区综合布线系统部署任务的一名智能楼宇管理员，他的第一个任务是制作 RJ45 跳线。张师傅首先了解到 RJ45 跳线有 568A 和 568B 两种，张师傅提炼出了完成本任务的主要工作步骤。接下来，就让我们同张师傅一起制作 RJ45 跳线。RJ45 跳线的制作步骤见表 6-1-1。

RJ45 跳线制作步骤

表 6-1-1

步骤	图示
第一步：剥线。用压线钳将双绞线塑料外皮剥去 2～3cm	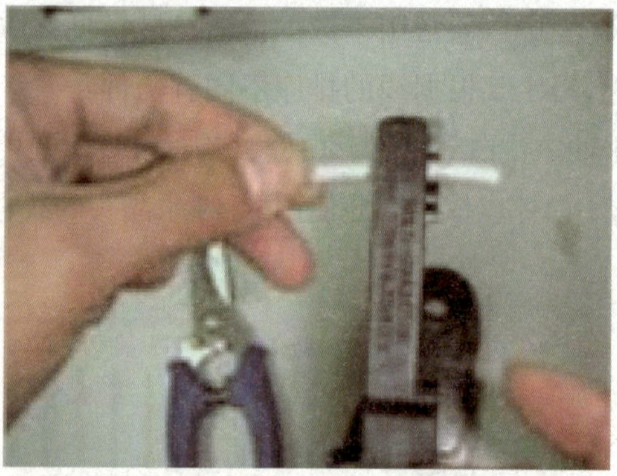
第二步：排线。将绿色线对与蓝色线对放在中间位置，而橙色线对与棕色线对放在靠外的位置，形成左一橙、左二蓝、左三绿、左四棕的线对次序	
第三步：理线。小心地剥开每一线对（开绞），并将线芯按 T568B 标准排序、特别是要将白绿线芯从蓝和白蓝线对上交叉至 3 号位置，将线芯拉直压平、挤紧理顺	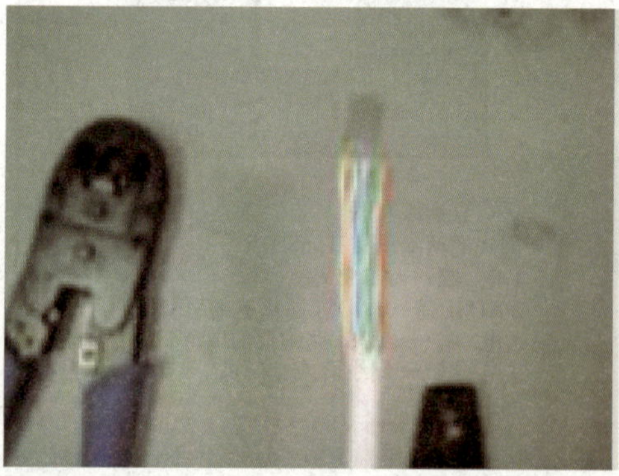

步骤	图示
第四步：剪切。将裸露出的双绞线芯用压线钳、剪刀、斜口钳等工具整齐地剪切，只剩下约13mm的长度	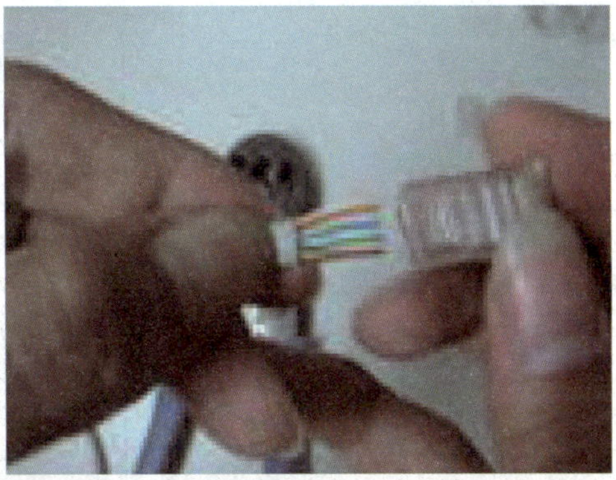
第五步：插入。一手用拇指和中指捏住水晶头，并用食指抵住，水晶头的方向是金属引脚朝上、弹片朝下。另一只手捏住双绞线，用力缓缓将8根双绞线依序插入水晶头，并一直插到8个凹槽顶端	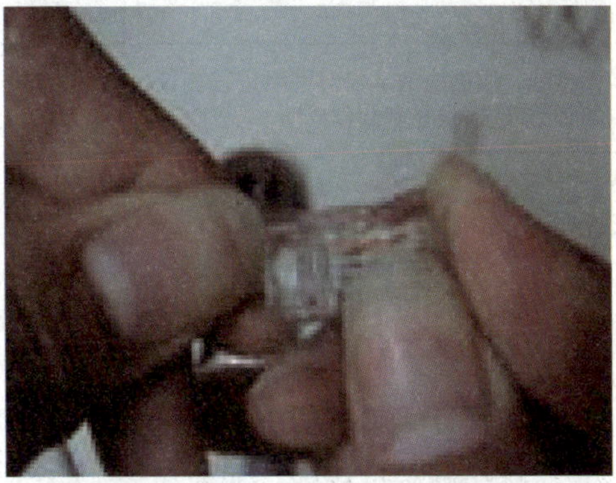
第六步：检查。检查水晶头正面，查看线序是否正确；检查水晶头顶部，查看8根线芯是否都顶到顶部	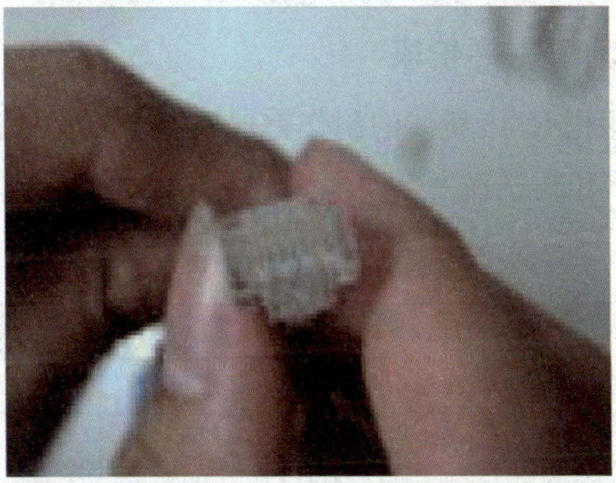
第七步：压接。确认无误后，将RJ45水晶头推入压线钳夹槽，用力握紧压线钳，将突出在外面的针脚全部压入RJ45水晶头内，RJ45水晶头连接完成	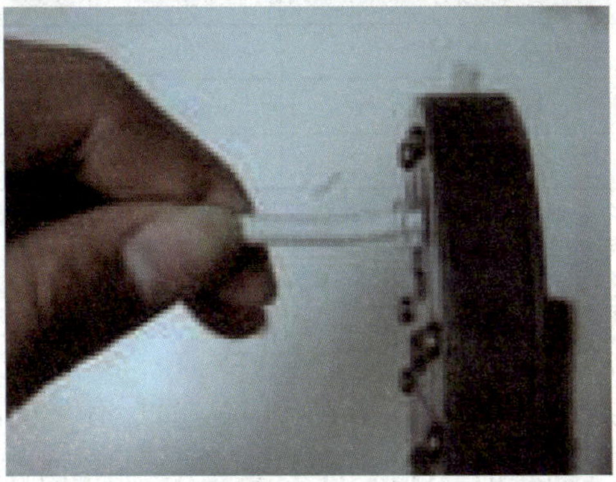

续表

步骤	图示
第八步：制作成品跳线。用同一标准在双绞线另一侧安装水晶头，完成直通网络跳线的制作。一侧用 T568A 标准安装水晶头，则完成一条交叉网线的制作	
第九步：测试。用网线测试仪对网络进行测试，网线两端 1~8 顺序点亮则制作成功	

四、总结评价

1. 主题讨论

（1）在本任务实施过程中，T568A 和 T568B 两种跳线有何不同？

（2）在跳线测试过程中，如何区分 T568A 和 T568B？

2. 填写评价表

根据 RJ45 跳线的制作完成情况，填写评价表 6-1-2。先在所在小组内完成自评和互评，各组再选派一名同学演示，请教师给小组评分。

RJ45 跳线制作实训评价表　　　　　　　　　　表 6-1-2

评价项目	配分	自评	组内互评	教师评分	总评
T568B 类标准网线制作合格	30				
网线测试成功	30				
工作态度	10				
安全文明操作	20				
整理场地	10				
合计					

注：总评＝自评×50％＋组内互评×30％＋教师评价×20％。

五、技能训练

某小区第 17 单元，高 14 层，每层有 3 户人家。请你作为一名智能楼宇管理员，通过图 6-1-1 所示的 RJ45 水晶头排序图，制作两根跳线。

任务二　操作配线架端接

一、任务描述

本任务要求完成配线架端接操作。该任务用到的器件有 24 口配线架。智能楼宇管理员通过使用打线钳对配线架打线，可以完成配线架端接操作。

学习目标：

1. 熟练掌握 RJ45 网络配线架模块端接方法；

2. 掌握常用工具和操作技巧。

二、学习准备

网络配线端接是综合布线系统的关键施工技术，配线端接技术直接影响网络系统的传输速度、传输效率、稳定性和可靠性，也直接决定了综合布线系统的永久链路和信道链路的测试结果。

一般来说，每个信息点的网络线，从设备跳线→面模块→楼层机柜通信配线架→网络配线架→交换机配线架→交换机级联线等，需要平均端接 10～20 次，每次端接 8 个芯线，因此在综合布线工程施工过程中，每个信息点大约平均需要端接 80 芯，或者 96 芯。熟练掌握配线端接技术非常重要。

在任务中，我们主要会用 24 口配线架和打线钳，另外还会用压线钳、剪刀和螺丝刀。

1. 24 口配线架

24 口非屏蔽配线架如图 6-2-1 所示。配线架是用于终端用户线或中继线，并能对它们进行调配连接的设备。配线架是管理子系统中最重要的组件，是实现垂直干线和水平布线两个子系统交叉连接的枢纽。配线架通常安装在机柜或墙上。通过安装附件，配线架可以全线满足 UTP、STP、同轴电缆、光纤、音视频的需要。在网络工程中，常用的配线架有双绞线配线架和光纤配线架。根据使用地点和用途的不同，又可分为总配线架和中间配线架两大类。

2. 打线钳

打线钳如图 6-2-2 所示。打线钳是一款配线架打线刀，它有如下特点：

（1）本体轻巧，适合长时间使用。

（2）压线剪线同时进行，方便省时。

（3）精密刀头设计，不伤线，寿命长。

（4）附带勾线小钩子，可作一字旋具和勾线器使用，具有起子和勾线作用。

（5）手柄设计符合人体工程学，有防滑功能，触感舒适。

（6）刀身设计合理，两侧的钩子可收缩，方便使用。

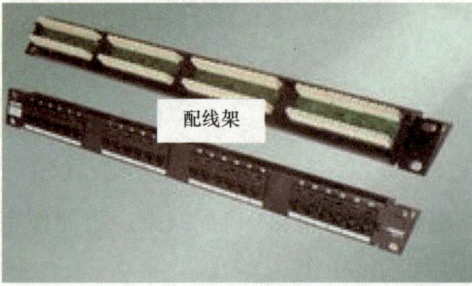

图 6-2-1　24 口配线架

图 6-2-2　打线钳

三、任务实施

　　张师傅是负责某小区综合布线系统部署任务的一名智能楼宇管理员，他的第二个任务是操作配线架端接。张师傅首先了解到这次用的是 24 口配线架，提炼出了完成本任务的主要工作步骤。接下来，就让我们同张师傅一起操作配线架端接。配线架端接操作步骤见表 6-2-1。

配线架端接操作步骤　　　　　　　　　　　　　　　　　　　　　　表 6-2-1

步骤	图示
第一步：剥线。用压线钳将双绞线塑料外皮剥去 2～3cm	
第二步：排线。将绿色线对与蓝色线对放在中间位置，而橙色线对与棕色线对放在靠外的位置，形成左一橙、左二蓝、左三绿、左四棕的线对次序	

续表

步骤	图示
第三步：卡线。按照线序放入端接口，逐一压入槽内	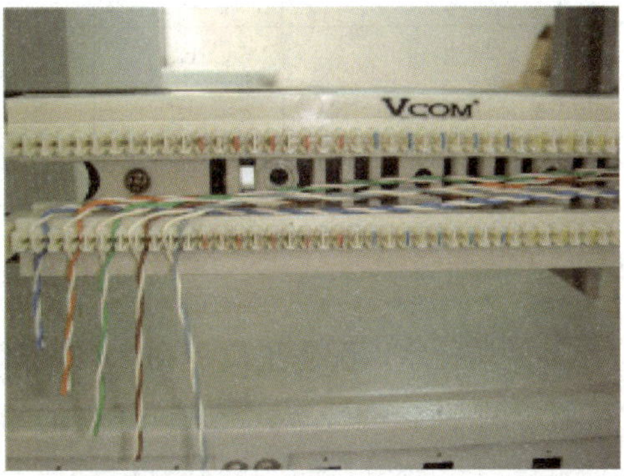
第四步：打线。使用打线钳固定网线，同时将伸出槽位多余的导线截断。注意：刀要与配线架垂直，刀口向外	

四、总结评价

1. 主题讨论

（1）在本任务实施过程中，为什么要将绿色线对与蓝色线对放在中间位置，而橙色线对与棕色线对放在靠外的位置？

（2）在打线时，为什么要使打线钳与配线架保持垂直？刀口应朝什么方向？

2. 填写评价表

根据配线架端接的制作完成情况，填写评价表 6-2-2。先在所在小组内完成自评和互评，各组再选派一名同学演示，请教师给小组评分。

配线架端接制作实训评价表   表 6-2-2

评价项目	配分	自评	组内互评	教师评分	总评
操作步骤正确	30				
线序正确	30				
工作态度	10				

续表

评价项目	配分	自评	组内互评	教师评分	总评
安全文明操作	20				
整理场地	10				
合计					

注：总评＝自评×50％＋组内互评×30％＋教师评价×20％。

五、技能训练

某小区的监控室，配备了机柜和 24 口配线架。请你作为一名智能楼宇管理员，通过图 6-2-1 所示的 24 口配线架，完成配线架的端接操作。

任务三　操作信息模块端接

一、任务描述

本任务要求完成信息模块端接操作。该任务用到的实训器件有信息模块、网线和打线钳。智能楼宇管理员通过使用打线钳对信息模块打线，可以完成信息块端接。

学习目标：

1. 熟练掌握信息插座的端接方法；
2. 掌握常用工具和操作技巧。

二、学习准备

信息模块

信息模块（也叫"信息插槽"）主要用于设备间和工作间的连接。在使用过程中，信息模块一般安装在墙内，网线从内墙经过，因此信息模块不容易被破坏，具有更高的稳定性和耐用性，同时也可以减少绕行布线造成的高成本。

信息模块根据产品质量的不同，可分为五类、六类屏蔽和非屏蔽模块，以适应现代社会要求越来越高的以太网传输，同时减少信息在传输过程中的衰减。图 6-3-1 所示为未打线的信息模块。

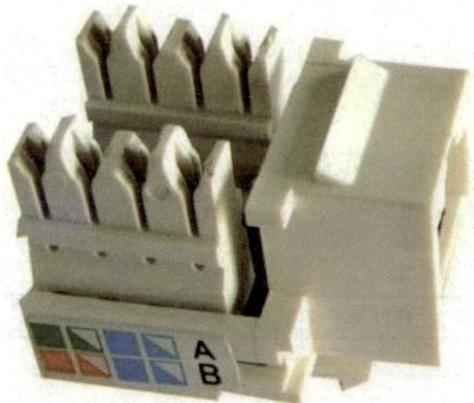

图 6-3-1　信息模块外观图

三、任务实施

张师傅是负责某小区综合布线系统部署任

务的一名智能楼宇管理员，他在该项目中的第三个任务是操作信息模块端接。信息模块端接与配线架端接的操作步骤基本相同。接下来，就让我们同张师傅一起完成信息模块的端接。信息模块端接的操作步骤见表 6-3-1。

信息模块端接操作步骤   表 6-3-1

步骤	图示
第一步：剥线。用压线钳将双绞线塑料外皮剥去 2～3cm	
第二步：排线。将绿色线对与蓝色线对放在中间位置，而橙色线对与棕色线对放在靠外的位置，形成左一橙、左二蓝、左三绿、左四棕的线对次序	
第三步：卡线。按照线序放入端接口，分开 4 个线对，但线对之间不要拆开，按照信息模块上所指示的线序，稍稍用力将导线一一置入相应的线槽内	

续表

步骤	图示
第四步：打线。将打线工具的刀口对准信息模块上的线槽和导线，带刀刃的一侧向外，垂直向下用力，听到"喀"的一声，模块外多余的线被剪断，重复该操作，将 8 条导线一一打入相应颜色的线槽中，如果多余的线不能被剪断，可调节打线工具上的旋钮，调整冲击压力	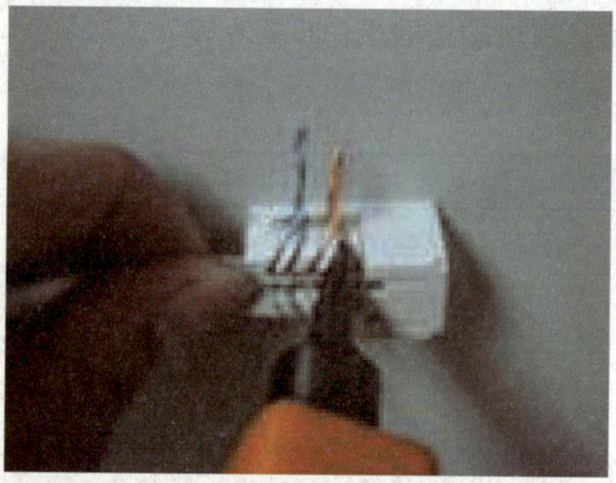
第五步：检查。检查无误后安装防尘帽	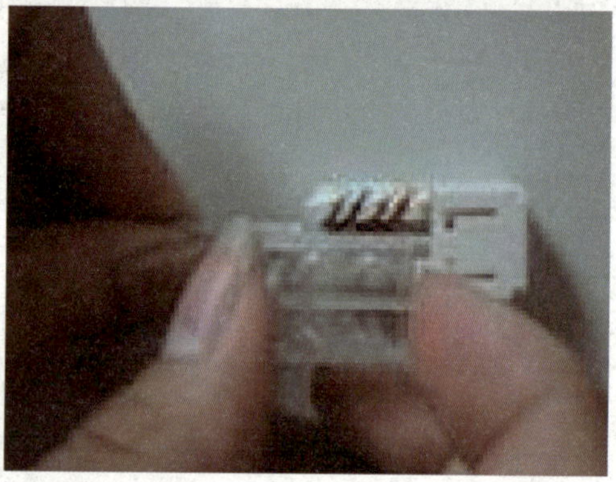

四、总结评价

1. 主题讨论

（1）在综合布线工程中，信息模块可以用作电话线盒吗？

（2）在打线过程中，多余的线怎么处理？

2. 填写评价表

根据信息模块端接的制作完成情况，填写评价表 6-3-2。先在所在小组内完成自评和互评，各组再选派一名同学演示，请教师给小组评分。

信息模块端接制作实训评价表   表 6-3-2

评价项目	配分	自评	组内互评	教师评分	总评
操作步骤正确	30				
线序正确	30				
工作态度	10				
安全文明操作	20				
整理场地	10				
合计					

注：总评＝自评×50％＋组内互评×30％＋教师评价×20％。

五、技能训练

某小区的物业管理办公室正在进行综合布线改造。请你作为一名智能楼宇管理员，对办公室内的所有信息模块，进行端接操作。

任务四 操作 110 配线架端接

一、任务描述

本任务要求完成 110 配线架端接操作。该任务用到的器件有 110 语音配线架、网线和打线钳。智能楼宇管理员通过使用打线钳对 110 语音配线架打线，可以完成 110 配线架的端接。

学习目标：

1. 熟练掌握 110 配线架模块端接方法；

2. 掌握常用工具和操作技巧。

二、学习准备

110 配线架：110 配线架又称 110 跳线架。110 配线架作为综合布线系统的核心产品，起着传输信号的灵活转接、灵活分配以及综合统一管理的作用。综合布线系统的最大特性就是利用同一接口和同一种传输介质，让各种不同信息在上面传输。这一特性的实现主要是通过连接不同信息的配线架之间的跳接来完成的。

110 配线架有 25 对、50 对、100 对、300 对多种规格，它的套件还包括 4 对连接块和 5 对连接块。图 6-4-1 所示为 110 配线架。

图 6-4-1 110 配线架

三、任务实施

张师傅是负责某小区综合布线系统部署任务的一名智能楼宇管理员，他在该项目中的第四个任务是操作 110 配线架端接。110 配线架的端接方法与信息模块的端接方法基本一样。接下来，就让我们同张师傅一起，操作 110 配线架端接。110 配线架端接的操作步骤见表 6-4-1。

110 配线架端接操作步骤   表 6-4-1

步骤	图示
第一步：剥线。用双绞线剥线器将电话线塑料外皮剥去 2～3cm	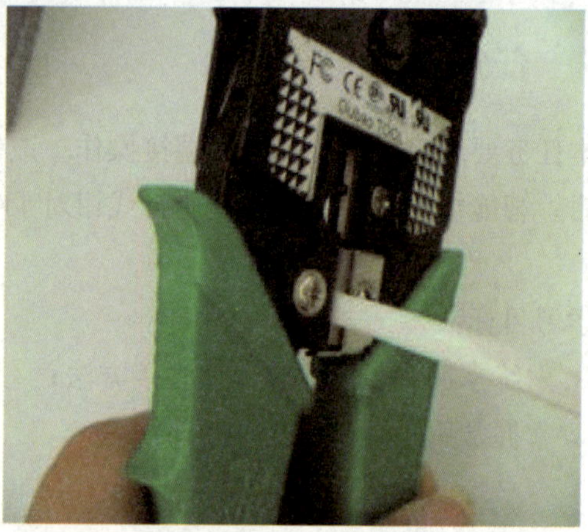
第二步：理线。分开电话线	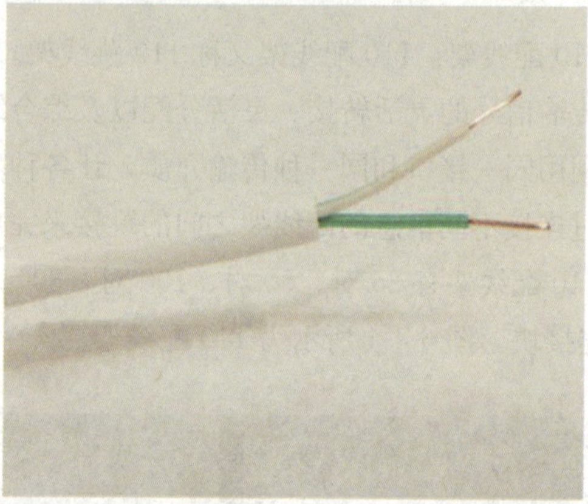
第三步：卡线。卡线按照线序放入端接口，逐一压入槽内	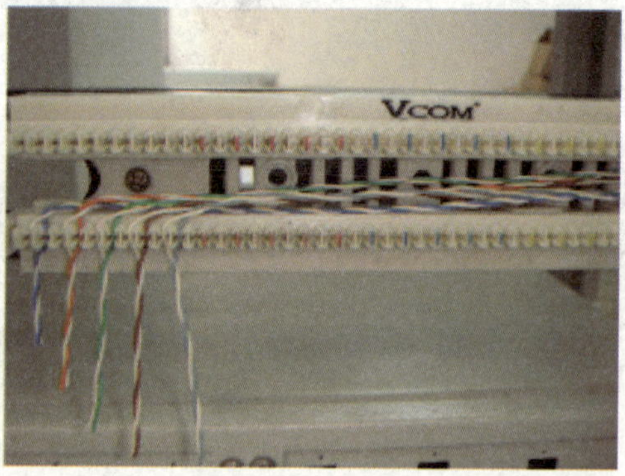

步骤	图示
第四步：安装 110 连接块。将 110 连接块放入 5 对打线工具中，然后把 110 连接块垂直压入 110 配线架的槽内	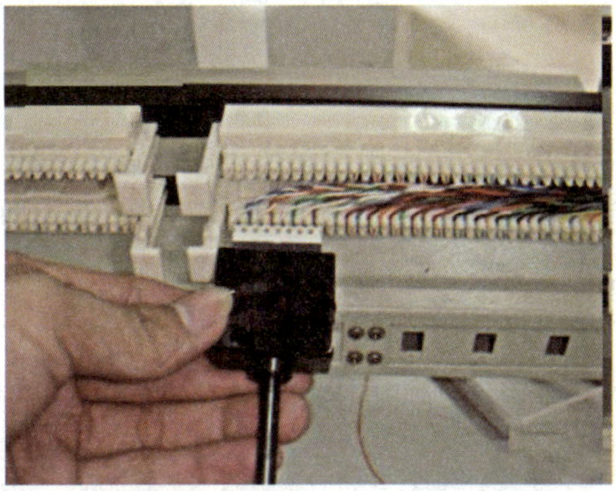

四、总结评价

1. 主题讨论

（1）在本任务实施过程中，110 连接模块如何区分正反？

（2）在本任务实施过程中，电话线有线序要求吗？

2. 填写评价表

根据 110 配线架端接的制作完成情况，填写评价表 6-4-2。先在所在小组内完成自评和互评，各组再选派一名同学演示，请教师给小组评分。

110 配线架端接制作实训评价表   表 6-4-2

评价项目	配分	自评	组内互评	教师评分	总评
操作步骤正确	30				
110 连接块安装正确	30				
工作态度	10				
安全文明操作	20				
整理场地	10				
合计					

注：总评＝自评×50％＋组内互评×30％＋教师评价×20％。

五、技能训练

某小区第 17 单元，高 14 层，在其设备间安装有 110 配线架。请你作为一名智能楼宇管理员，对其 110 配线架进行打线操作，完成 110 配线架的端接。

任务五　配置程控交换机实训

一、任务描述

本任务要求完成程控交换机的配置。该任务所用到的有程控交换机和电话机。智能楼宇管理员通过对程控交换机的配置，可以完成内线呼叫。

学习目标：

1. 掌握程控交换机的配置方法；

2. 掌握内线呼叫的操作方法。

二、学习准备

1. 程控交换机

程控交换机全称为存储程序控制交换机（与之对应的是布线逻辑控制交换机，简称布控交换机），也称为程控数字交换机或数字程控交换机，通常专指用于电话交换网的交换设备。图 6-5-1 所示为 GW400 程控交换机。

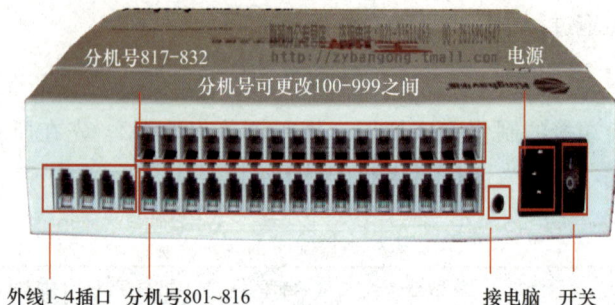

图 6-5-1　程控交换机外观图

程控交换机利用现代计算机技术，完成电话的控制和接续等工作。当电话铃响，被叫用户摘机时，本地交换机自动检测被叫用户的摘机动作，给主叫用户的电话机回送拨号音；接收被叫话机产生的脉冲信号或双音多频（DTMF）信号，完成从主叫到被叫号码的接续（主叫与被叫号码可能在同一个交换机也可能在不同的交换机）；在接续完成后，交换机将保持连接，直到检测出通话的一方挂机。其中通话接续部分是利用交换机中的数字交换网络，采用 PCM 方式实现数字交换，控制部分是通过软件由计算机来实现的。

程控交换机主要功能有：

（1）虚拟总机：代替总机转接来电。

（2）自录语音：录制特殊语音（例如：您好！这里是××单位，请拨分机号码、查号请拨 0。）

  （3）弹性编码：各分机可编制分机号码。

  （4）等级限制：限制拨打国际、国内、市话等。

  （5）中继热线：提机免拨 9 出外线。

  （6）呼入选择：外线呼入直拨、转接、群呼选择。

  （7）强插服务：在特殊情况下总机对正在通话的分机进行强插通话。

  （8）代拨长途：总机可代低等级的分机拨打长途。

  （9）区分振铃：能区别振铃来自外线还是内线。

  （10）征询转接：外线转接实现征询和音乐等待。

  （11）计费方式：反极计费方式或延时计费方式。

  （12）打印选择：中英文打印选择。

  （13）语音信箱：查询自身等级、号码、话费、日期、时间等。

2. 电话分机

图 6-5-2 是电话分机的外观图，可接听电话，拨打内线分机号。

3. 设备的线路连接

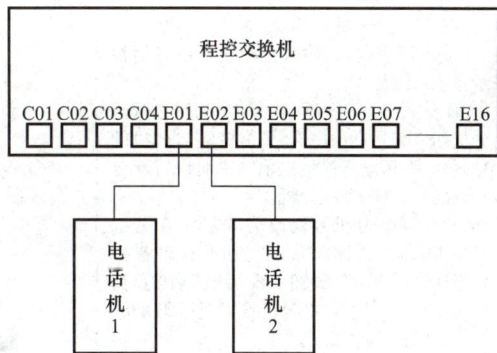

图 6-5-3 是程控交换机的接线图，按图连接线路后，即可设置内线分机号码等参数。

图 6-5-2 电话分机   图 6-5-3 程控交换机接线图

三、任务实施

  张师傅是负责某小区综合布线系统部署任务的一名智能楼宇管理员，他在该项目的第五个任务是配置程控交换机实训。张师傅首先了解到这次用的程控交换机型号为 GW400，张师傅提炼出了完成本任务的主要工作步骤。接下来，就让我们同张师傅一起操作程控交换机的配置。

  步骤 1：按图 6-5-3 程控交换机接线图的要求，用电话线将程控交换机和电话分机连接起来。

步骤 2：打开电源开关。

步骤 3：配置程控交换机。

配置程控交换机的操作步骤见表 6-5-1。

> 小贴示：程控交换机 C01～C04 为外线端口，E01～E16 为内线端口，内线端口对应的初始分机号码为 8001～8016，所有的分机号码的设置都在 8001 分机上更改。

> 注意事项：1. 程控交换机登录密码为 2008。
> 2. 电话分机初始号码为 8001～8016。

配置程控交换机操作步骤　　　　　　　　表 6-5-1

步骤	图示
第一步：拨打内线。提起分机，输入需要拨出的号码，例如：A 用户使用"8001"分机，B 用户使用"8002"分机，当 A 用户欲呼叫 B 用户时，A 用户只要在提机听到内线拨号声音后输入"8002"。即可呼叫 B 用户	
第二步：弹性编码。 1. 提起 8001 分机，输入"** 002008 ＃"（2008 是出厂密码），输入正确会有语音播报提示登录系统成功。 2. 再输入"* 5 e E ＃"（注释：e 为更改号码的分机端口编号 001-016，E 为该端口分机的新号码），听到语音播报提示，说明设置新分机号码成功，挂 8001 分机。 例如：把 8002 分机号码改为 8888。在分机 8001 上输入"** 002008 ＃"后听到语音播报，再输入"* 50028888 ＃"后听到语音播报设置成功，说明 8002 分机设置新号码 8888 成功，可以挂 8001 分机	静音功能 通话过程中一键静音，一键静音，方便快捷，安静的空间自己做主 一键重拨 最后一组号码重拨功能快速一键重拨免去重新拨号的烦恼
第三步：呼叫。提起 8001 分机呼叫 8888 分机，听到振铃即呼叫成功	
第四步：恢复分机号码。将全部分机号码恢复为原始号码。 1. 提起 8001 分机，输入"** 002008 ＃"（2008 是出厂密码），输入正确会有语音播报提示登录系统成功。 2. 再输入"* 5000 ＃"，听到语音播报提示，说明设置新分机号码成功，挂 8001 分机	

四、总结评价

1. 主题讨论

（1）在本任务实施过程中，分机号码设置重复怎么办？

（2）在本任务实施过程中，忘记分机号码怎么办？

2. 填写评价表

根据配置程控交换机的完成情况，填写评价表 6-5-2。先在所在小组内完成自评和互评，各组再选派一名同学演示，请教师给小组评分。

配置程控交换机实训评价表　　　　　表 6-5-2

评价项目	配分	自评	组内互评	教师评分	总评
程控交换机配置正确	30				
内线呼叫成功	30				
工作态度	10				
安全文明操作	20				
整理场地	10				
合 计					

注：总评＝自评×50％＋组内互评×30％＋教师评价×20％。

五、技能训练

某小区第 17 单元，高 14 层，每层有 3 户人家。请你作为一名智能楼宇管理员，通过图 6-5-1 所示的程控交换机，完成每户人家的分机号码设置。

任务六　配置 IP 电话实训

一、任务描述

本任务要求完成 IP 电话的配置。该任务用到的设备有 IP 电话交换机、24 口交换机和 SIP 电话机。智能楼宇管理员通过配置 IP 电话交换机，可以完成数字电话机内网互呼操作。

学习目标：

1. 掌握 IP 电话交换机的设置方法；

2. 掌握 SIP 电话机的使用方法。

二、学习准备

1. IP 电话交换机

图 6-6-1 所示为 Yeastar S20 IP 电话交换机。它支持 20 个 VoIP 分机和最多 4 个模拟分

机，可接入模拟外线、手机卡外线与 VoIP 外线。交换机内置通话录音、自动话务员、电话会议、呼叫队列、移动分机、广播/对讲、视频通话等先进通信功能，为用户创造高效的商务沟通体验。Yeastar S20 同时具有优异的融合性，能够轻松实现 IPPBX 远程电话组网、传统 PBX 分机外线扩容、网络视频监控联动等方案应用，非常适合小微型公司或企业分支机构。

除此之外，Yeastar S20 基于网页管理，界面友好易操作。管理员只需具备基础的电脑网络知识即可完成日常管理与维护。

2. SIP 电话分机

图 6-6-2 是 SIP 电话分机的外观图，它采用 132×64 分辨率的图形液晶屏，提供友好的用户界面，支持中文显示；提供 1 个 SIP 账号；自带三方语音电话会议等丰富的功能特征。双网口支持 PoE 供电（T19P E2），支持耳麦；支持完整的话机安全方案，兼容主流的 IP-PBX，易于安装和使用，管理方便，提高办公效率。

图 6-6-1　IP 电话交换机外观图　　　　图 6-6-2　SIP 电话分机

3. 设备的线路连接

图 6-6-3 是 IP 电话交换机的接线图，按图连接线路后，即可设置内线分机号码等参数。

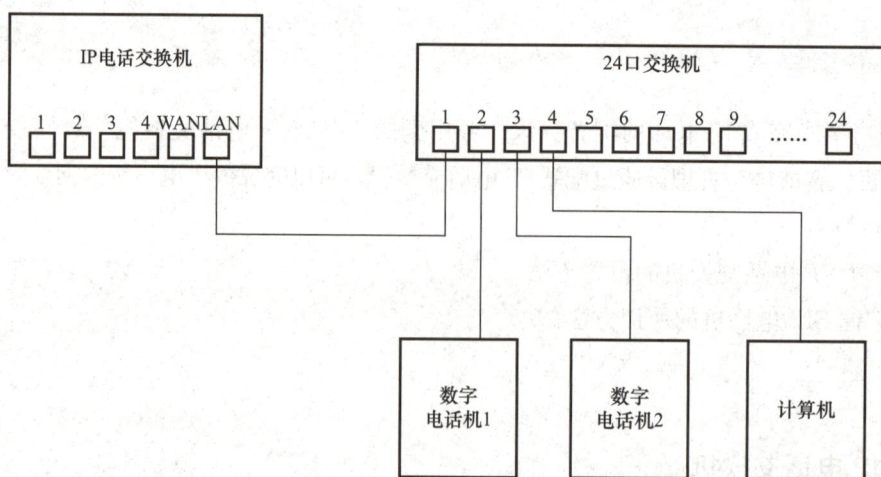

图 6-6-3　IP 电话交换机接线图

三、任务实施

张师傅是负责某小区综合布线系统部署任务的一名智能楼宇管理员，他在该项目的第六个任务是配置 IP 电话实训。张师傅首先了解到这次用的是 IP 电话交换机是 Yeastar S20，张师傅提炼出了完成本任务的主要工作步骤。接下来，就让我们同张师傅一起操作 IP 电话交换机的配置。

步骤 1：按图 6-6-3 IP 电话交换机接线图的要求，用网线将 IP 电话交换机、24 口交换机、SIP 电话分机连接起来。

步骤 2：打开电源开关。

步骤 3：配置 IP 电话交换机。

配置 IP 电话交换机的操作步骤见表 6-6-1。

> 小贴士：S20 系列 IPPBX 提供网页界面，方便管理员配置和管理系统。确保电脑与 PBX 连接到同一个网络，在电脑上输入 PBX 的默认 IP 地址和用户名、密码。
> 出厂 IP 地址：https://192.168.5.150:8088
> 用户名：admin
> 默认密码：password

> 注意事项：1. PBX 配置为网页登录。
> 　　　　　2. 电脑和 PBX 要在同一个网段。

配置 IP 电话操作步骤　　　　　　　　　　表 6-6-1

步骤	图示
第一步：登录网页页面。打开浏览器，在地址栏输入 PBX 的 IP 地址：https://192.168.5.150:8088，按"Enter"键，跳转到 S 系列登录界面，输入用户名和密码，点击"登录"	Yeastar S100

步骤	图示
第二步：新建分机。在登录界面进入配置＞PBX＞分机，创建和编辑分机。点击"添加"键，添加一个新的分机，页面弹出新建分机窗口。选择分机类型：SIP，输入分机号码：1010、注册名称：1010、来电显示号码：1010，注册密码会随机分配，点击"保存"键，在点击"应用"键，按同样方法再新建一个分机1002	
第三步：注册SIP分机。通过查看其中一个SIP电话分机IP，打开浏览器输入SIP电话分机IP地址，输入用户名和密码：admin，登录分机界面，点击顶部"账号"菜单，线路激活为：启用、标签到用户名称：1001，密码为新建分机界面的注册密码，点击"保存"键，按同样方法注册另一个分机1002	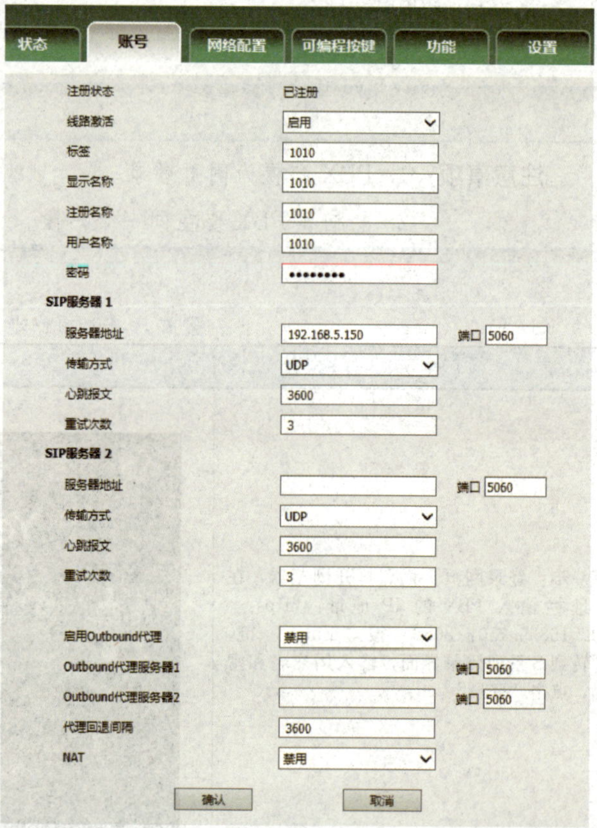

续表

步骤	图示
第四步：呼叫。拿起 1001 电话分机手柄，先按 1002，再按发送软键，听到振铃即呼叫成功	

四、总结评价

1. 主题讨论

（1）在本任务实施过程中，如何查看电话分机 IP？

（2）在本任务实施过程中，如何查看 SIP 分机注册成功？

2. 填写评价表

根据配置 IP 电话交换机的完成情况填写评价表 6-6-2。先在所在小组内完成自评和互评，各组再选派一名同学演示，请教师给小组评分。

配置 IP 电话交换机实训评价表　　　　　　　　　　表 6-6-2

评价项目	配分	自评	组内互评	教师评分	总评
IP 电话交换机配置正确	30				
内线呼叫成功	30				
工作态度	10				
安全文明操作	20				
整理场地	10				
合计					

注：总评＝自评×50％＋组内互评×30％＋教师评价×20％。

五、技能训练

某小区第 17 单元，高 14 层，每层有 3 户人家。请你作为一名智能楼宇管理员，通过图 6-6-1 所示的 IP 电话交换机，完成每户人家的分机号码的设置。

多媒体技术的普及和提高，给会议工作带来了新的手段和方法。尤其是近几年，视频会议、远程教学等可视化信息技术在办公领域得到广泛应用，多媒体会议室以其功能的多样性（如现场会议、学术报告、培训教学等）得到迅速普及。在多媒体会议室里，不管是作报告，还是介绍产品，用电脑互动操作的图、文、声、影、画的展示，大大提高了会议效果。可以说，多媒体在办公领域中越来越体现出它的优势。

由于自然声源（如演讲、演唱、乐器演奏、声音重放等）发出的声音能量有限，加上环境噪声的影响，声源的传播距离受到较大限制。因此在公众活动场所必须用扩声音响系统进行扩声，将声源信号放大。

会议广播多媒体系统是一套以多媒体技术为手段，不仅能实现逼真传神的听觉效果、清晰舒适的视频显示，而且能达到摄像智能跟踪、远程会议方便快捷等要求的多功能系统。整个系统大致分为显示与监视、拾音与扩声、信号传输与控制摄像、照明灯光和电视电话会议 5 个部分，其主要设备包括大屏幕显示器、音响、视频监视机、摄像录像机、灯光照明、多媒体音视频信号源矩阵和中央集成控制器等。

本项目共包含 3 个工作任务，如图 7-1-0 所示。通过这 3 个工作任务的实施，学生可以掌握会议广播多媒体系统的接线、会议系统的调试、广播系统测试、多媒体显示系统测试等技能。

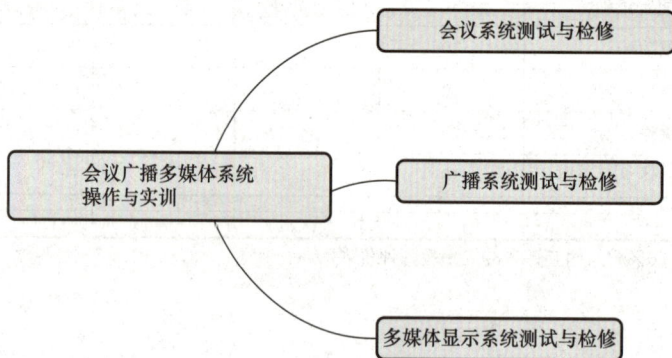

图 7-1-0 项目七任务导引图

任务一　会议系统测试与检修

一、任务描述

本任务要求完成会议系统的测试。该任务用到的器件有会议发言单元、电源控制器、中央控制系统主机等设备。智能楼宇管理员通过对中央控制系统主机的配置，可实现对会议系统的测试。

学习目标：

1. 掌握会议系统的接线方法；

2. 完成会议系统的测试。

二、学习准备

你知道吗？

国家标准《会议电视会场系统工程设计规范》GB 50635—2010 规定了会议广播多媒体系统的技术要求和检验方法，是设计、制造、检验会议广播多媒体系统的基本依据。作为一名未来的智能楼宇管理员，你应该通过互联网查阅一下此标准，以了解更多的相关知识。

一般来说，会议系统包括：基础话筒发言管理、代表人员检验与出席登记、电子表决、自动视像跟踪、资料分配显示，以及多语种的同声传译等功能。以下简单介绍会议系统的常用设备。

1. 中央控制系统主机

图 7-1-1 所示为中央控制系统主机。该主机内置 128M 工业级时脉冲处理器、128M 快闪记忆体、8 路全双向 RS232/485 通信接口、8 路可编程全双向 485/422 通信接口、8 路可编程 IO 端口、8 路红外驱动端口、8 路可编程继电器强弱电控制接口（12～250V）和 8 条红外发射棒，通过采用国际标准通信协议，配合可编程 CSW2.0 软件，对所需多媒体设备进行控制，是整个系统的控制中心。

2. 电源控制器

图 7-1-2 所示为电源控制器。该控制器通过开关量控制，可连 255 台设备，其设备前面板带红色电源指示和红色继电器开关指示灯，具有手动和中控同时管理功能，能断电复位。

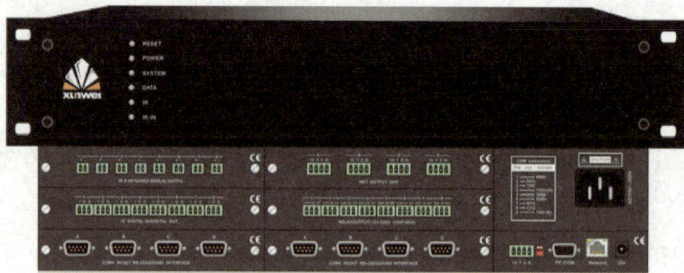

图 7-1-1　中央控制系统主机外观图

图 7-1-2　电源控制器外观图

3. 8 路电源时序器

电源时序器能够按照由前级设备到后级设备逐个顺序启动电源，关闭供电电源时则由后级到前级的顺序关闭各类用电设备，这样就能有效统一管理和控制各类用电设备，避免人为的失误操作，同时又可减低用电设备在开关瞬间对供电电网的冲击，也避免了感应电流对设备的冲击，确保了整个用电系统的稳定。

图 7-1-3 所示为 8 路电源时序器。该 8 路电源时序器支持级联 8 路大电流电源输出，单路最大电流 15A，总电流小于等于 50A；面板有时序总开关和 8 路手动控制按钮，以及 LED 状态指示，可单独控制每路电源的通断，每路电源输出具有过流过压保护；支持标准 RS232/485 通信协议。除此之外，该电源时序器具有丰富的指令，能方便用户实现各种控制（如单锋开关、互锁等），并支持状态查询和多台设备连接；提供 8 路多功能电源插座；标准 19 英寸（48.26cm）机柜安装方式（1.5U）；提供级联输出端口。

图 7-1-3　8 路电源时序器外观图

4. 会议发言单元

图 7-1-4 所示为电容式会议发言单元。该会议发言单元的性能指标有：

（1）指向性：心形；

（2）频率响应：40Hz～16kHz；

（3）输出阻抗：200Ω；

（4）灵敏度：－40±2dB；

（5）供电电压：DC3V/DC48V。

其最大的特点是全贴片线路和金属座，能抗手机和电磁干扰。

5. 液晶显示器

图 7-1-5 所示为液晶显示器。该显示器采用最新 3D 画质数字处理电路，即 3D 数字梳状滤波和 3D 数字降噪技术，具有 VGA 状态图像重显率自动调整功能；响应时间为 5ms，画面真正无拖尾；彩色制式包括 PAL/NTSC/SECAM。

图 7-1-4　会议发言单元外观图　　　　图 7-1-5　液晶显示器

6. 调音台

调音台又称调音控制台，它将多路输入信号进行放大、混合、分配、音质修饰和音响效果加工之后，再通过母线输出。调音台是现代电台广播、舞台扩音、音响节目制作等系统中进行播送和录制节目的重要设备。调音台按信号输出方式可分为模拟式调音台和数字式调音台。

图 7-1-6 所示为调音台。该调音台具有如下主要功能：

（1）8 个单声道＋2 组立体声输入配备高品质话筒放大器。

（2）内置专业 DSP 数字效果，能提升现场声音的不同需求。

（3）每通道设有三段参量均衡器。

（4）使用耐用、顺滑的 100mm 行程推子。

（5）带有液晶显示的 USB 播放接口。

其主要性能技术指标有：

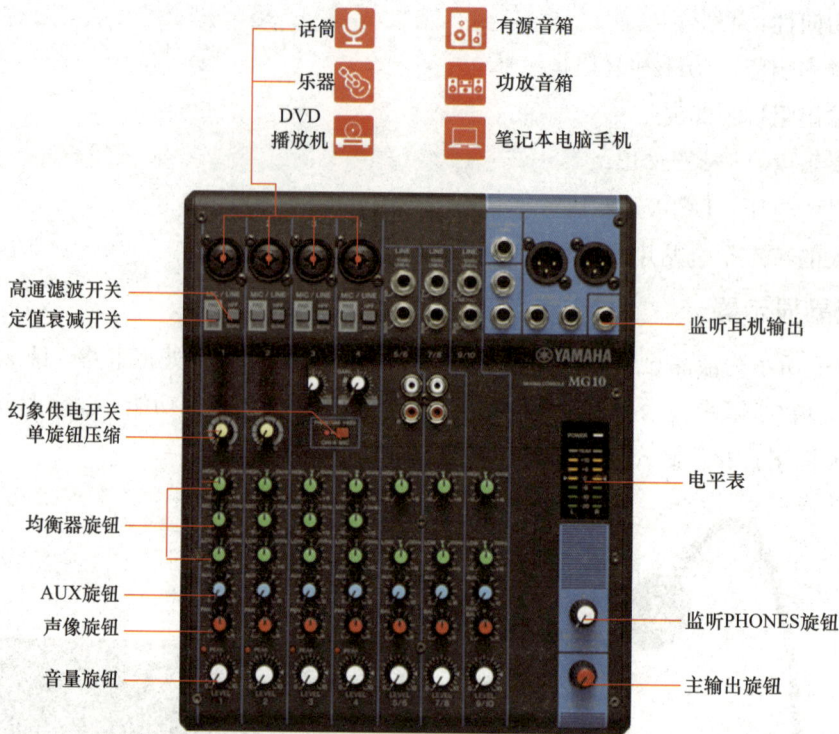

图 7-1-6　调音台外观图

（1）输入灵敏度 MIC：－60dB LINE：－20dB Eff Ret：－20dB Tape In：－10dB；

（2）输出电平：Eff Send－10dB Aux Send0dB；

（3）编组数：2；

（4）输出电压：4V Max；

（5）信噪比：＞103dB；

（6）失真度（THD）：≤0.05％；

（7）频率响应：5Hz～50kHz±3dB；

（8）幻像电源：＋48V；

（9）均衡参数：Hi：±15dB/12kHz Mid：±15dB/250Hz-6kHz Low：±15dB/80Hz；

（10）功耗：30～50W。

三、任务实施

　　张师傅是负责某小区会议广播多媒体系统部署任务的一名智能楼宇管理员，他在该项目中的第一个任务是测试小区物业管理办公室的会议系统。张师傅首先了解到该会议系统采用的是型号为 XW-ZH8500 控制主机，通过认真阅读该控制主机的使用说明书，张师傅提炼出了完成本任务的主要工作步骤。接下来，就让我们同张师傅一起去测试该会议系统。

步骤 1：打开控制台电源开关。

步骤 2：打开控制柜电源开关。

步骤 3：测试会议系统。

会议系统的测试需要对会议系统单元设备进行测试，详细测试会议系统步骤见表 7-1-1。

测试会议系统步骤　　　　　　　　　　　　表 7-1-1

步骤	图示
第一步：打开电源。打开 8 路电源时序器电源开关，顺序开启音响设备	
第二步：登录平板控制系统。打开平板电脑，点击桌面会议系统图标，进入多媒体中央控制系统欢迎界面	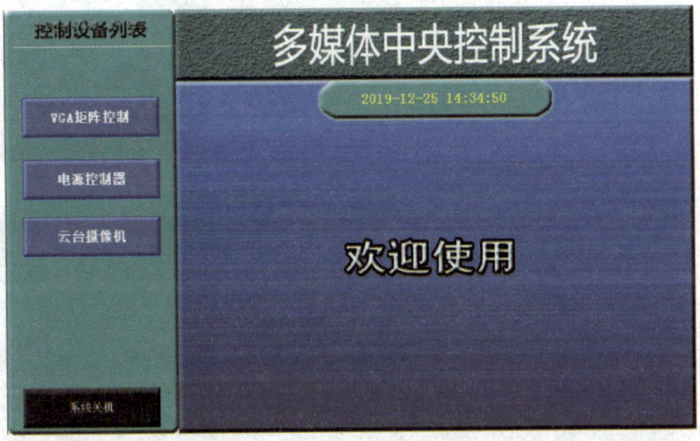
第三步：打开显示器。在平板电脑上打开电源控制器界面，点击投影开按钮，打开显示器	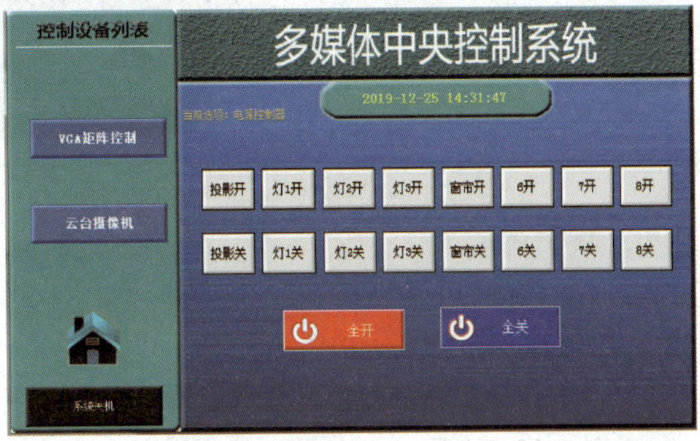

续表

步骤	图示
第四步：操作发言单元。在发言单元上按开关键打开发言单元，通过调音台上调节旋钮，调节音量输出，顺时针旋转 CHA 功放旋钮，调节音量大小，主音箱播放发言单元声音	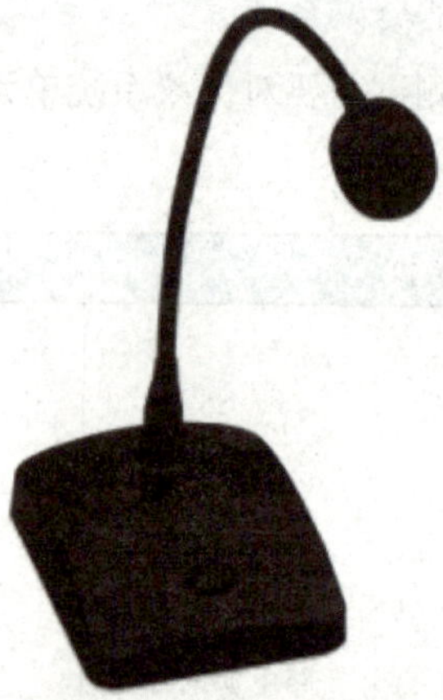
第五步：操作云台摄像机。在平板电脑上打开云台摄像机界面，通过上下左右键拖动云台摄像机转动到发言单元位置	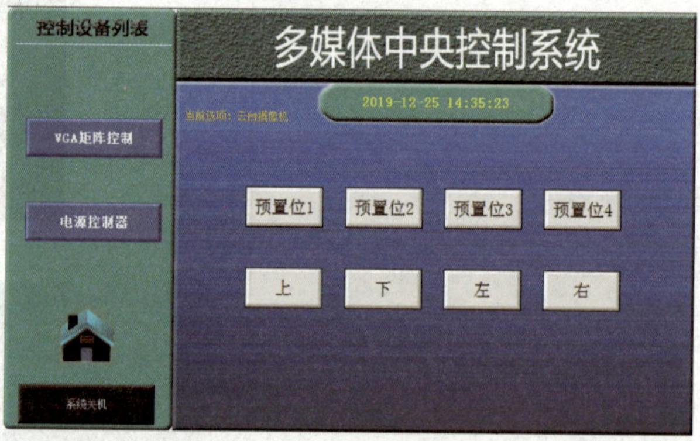
第六步：投屏到显示器。在平板电脑上打开 VGA 矩阵控制界面，点击"输入三"按钮，再点击"输出一"按钮，点击"确认"按钮，即将云台摄像机画面投屏到显示器	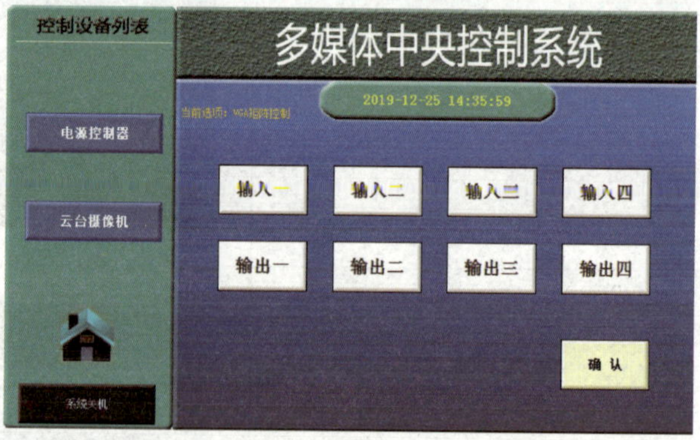

四、总结评价

1. 主题讨论

（1）在本任务实施过程中，开启设备的先后顺序有影响吗？

（2）在本任务实施过程中，调音台的作用是什么？

2. 填写评价表

根据会议系统测试的完成情况，填写评价表 7-1-2。先在所在小组内完成自评和互评，各组再选派一名同学演示，请教师给小组评分。

会议系统测试实训评价表 表 7-1-2

评价项目	配分	自评	组内互评	教师评分	总评
开启会议系统步骤正确	30				
操作会议系统成功	30				
工作态度	10				
安全文明操作	20				
整理场地	10				
合计					

注：总评＝自评×50％＋组内互评×30％＋教师评价×20％。

五、技能训练

某小区有一个活动中心安装了一套多媒体会议系统。请你作为一名智能楼宇管理员，通过图 7-1-1 所示的中央控制系统主机，对小区活动中心的会议系统进行测试。

任务二　广播系统测试与检修

一、任务描述

本任务要求完成广播系统的测试。该任务用到的器件有电源控制器、功放、音乐播放器等设备。智能楼宇管理员通过对音乐播放器的配置，可完成对广播系统的测试。

学习目标：

1. 掌握广播系统的接线方法；
2. 完成广播系统的测试。

二、学习准备

广播系统属于扩声音响系统的一个分支，而扩声音响系统又称为专业音响系统，它主要是通过扩音设备，将声源的功率放大，让其能远距离传播。广义的广播系统包括扩声系统和放声系统。所谓扩声系统是指扬声器与话筒处在同一声场内，通过扬声器将话筒的声音传出去。所谓放声系统是声场内只有磁带机或光盘机等声源，没有话筒，通过磁带机或光盘机将声音传出去，它是广播系统的特例。

1. 功放

功放是功率放大器的简称。一般是特指音响系统中的一种最基本的扩音设备，其任务是把来自信号源（专业音响系统中则是来自调音台）的微弱电信号进行放大以驱动扬声器发出声音。图 7-2-1 所示为功率放大器，其主要功能及性能指标如下：

（1）开机软启动，防止开机时向电网吸收大电流。

（2）标准 XLR＋TRS1/4 复合输入接口。

（3）智能控制强制散热设计。

（4）智能削峰限幅器。

（5）额定功率：$2 \times 500\mathrm{W}/8\Omega$，$2 \times 700\mathrm{W}/4\Omega$，$900\mathrm{W}/8\Omega$ 桥接。

（6）频率响应：$20\mathrm{Hz} \sim 20\mathrm{kHz} \pm 1\mathrm{dB}$。

（7）总谐波失真：$\leqslant 0.5\%$。

（8）输入灵敏度：0dB（775mV）。

（9）输入阻抗：平衡 $20\mathrm{k}\Omega$，不平衡 $10\mathrm{k}\Omega$。

（10）信噪比（a 计权）：$\geqslant 98\mathrm{dB}$。

（11）净尺寸（宽×高×深）：$490\mathrm{mm} \times 90\mathrm{mm} \times 470\mathrm{mm}$。

（12）净重：17kg。

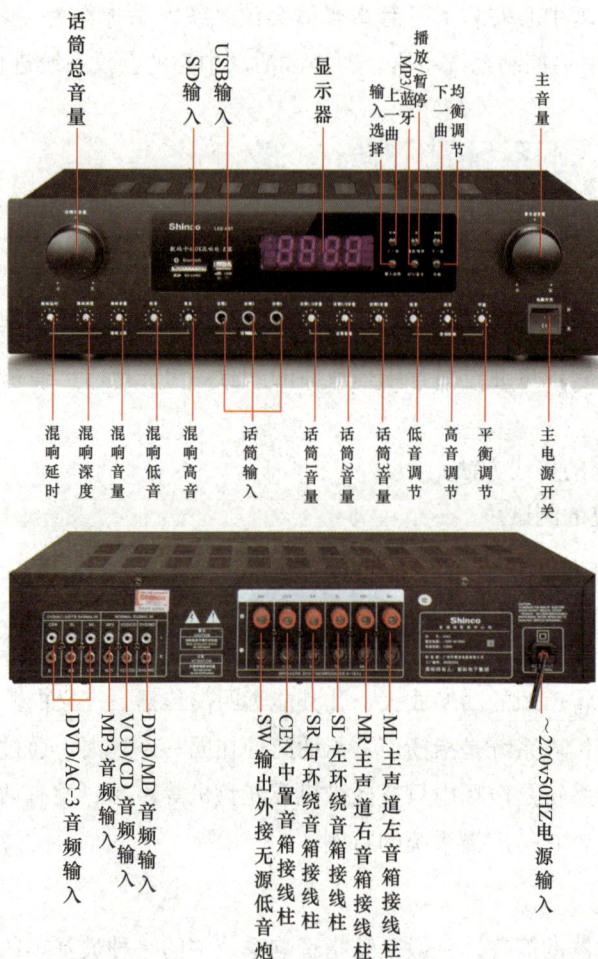

图 7-2-1　功率放大器

2. 音乐播放器

音乐播放器是一种用于播放各种音乐的多媒体设备。图 7-2-2 是音乐播放器。该播放器采用微电脑控制技术，能将广播自动分区播放、外部音频和麦克风录音存储等先进功能综合为一体，广泛适用于校园自动广播音乐打铃、外语广播教学听力考试系统。

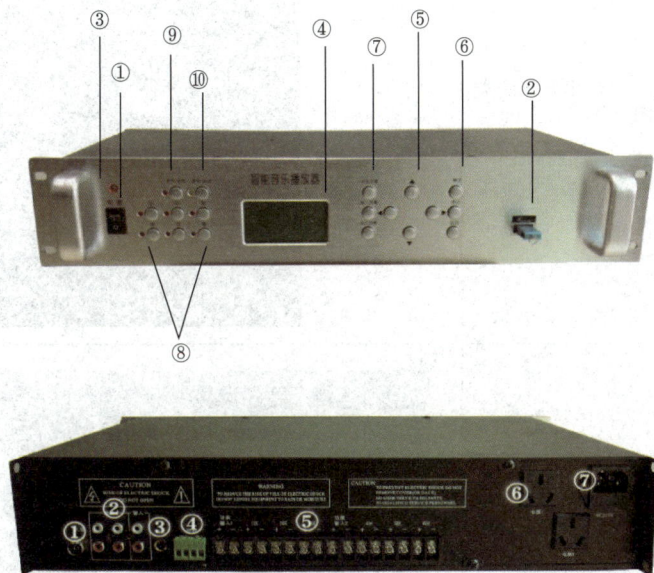

① 电源灯及开关；
② 插U盘或连接电脑USB接口；
③ 电源灯 (TF卡插口)；
④ 显示屏；
⑤ 菜单上、下、左、右控制选择键；
⑥ 确定、停止、返回键；
⑦ 话筒、输入、监听音量控制键；
⑧ 分区1、2、3、4、5、6按键；
⑨ 分区及电源全开全关按键；
⑩ 手动与自动切换按键。

图 7-2-2　音乐播放器外观图

三、任务实施

张师傅是负责某小区会议广播多媒体系统部署任务的一名智能楼宇管理员，他在该系统中的第二个任务是测试小区内广播系统。张师傅首先了解到本小区部署的是型号为BL-8827A音乐播放器，通过认真阅读该音乐播放器的使用说明书，张师傅提炼出了完成本任务的主要工作步骤。接下来，就让我们同张师傅一起走进该小区，去测试其广播系统。

步骤1：打开控制台电源开关。

步骤2：打开控制柜电源开关。

步骤3：测试广播系统。

广播系统的测试需要对广播系统单元设备进行测试，具体测试广播系统步骤见表7-2-1。

测试广播系统步骤   表 7-2-1

步骤	图示
第一步：打开电源。打开 8 路电源时序器电源开关，时序开启音响设备	
第二步：进入目录播放菜单。按音乐播放器面板上的"菜单"键，进入主菜单。按面板上的"▲▼"键选择功能"菜单"键确定进入"目录播放"菜单	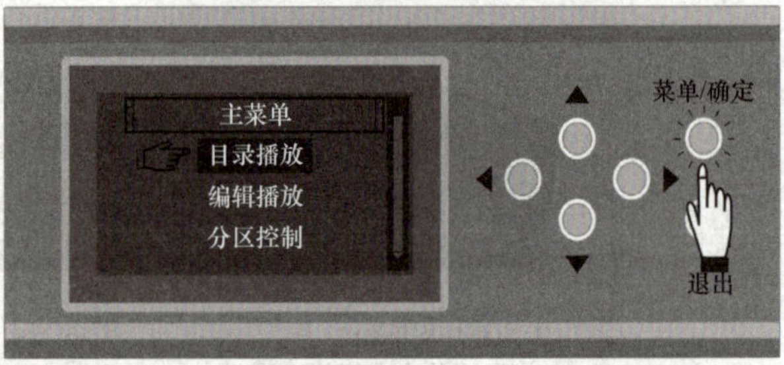
第三步：播放音乐。按面板上的"▲▼"键，选择需要播放的文件，按"菜单"键进入播放界面播放	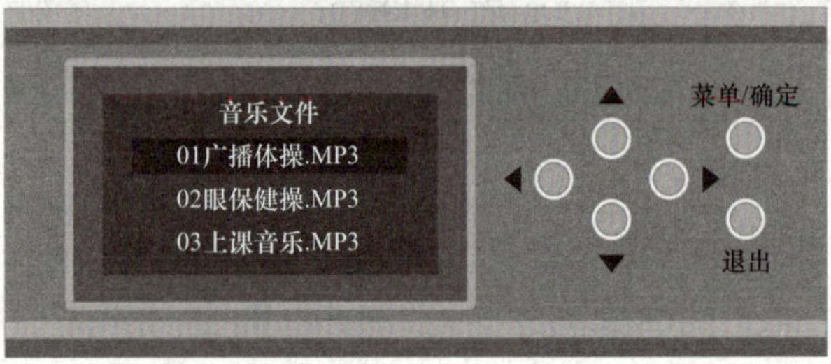
第四步：功率放大。顺时针旋转 CHB 功放旋钮，调节音量大小，主音箱播放音乐播放器声音	

四、总结评价

1. 主题讨论

（1）在本任务实施过程中，音乐播放器里的曲目可以编辑播放吗？

（2）在本任务实施过程中，音乐播放器可以分区播放吗？

2. 填写评价表

根据广播系统测试的完成情况，填写评价表 7-2-2。先在所在小组内完成自评和互评，各组再选派一名同学演示，请教师给小组评分。

广播系统测试实训评价表   表 7-2-2

评价项目	配分	自评	组内互评	教师评分	总评
门禁权限参数配置正确	30				
播放音乐成功	30				
工作态度	10				
安全文明操作	20				
整理场地	10				
合计					

注：总评＝自评×50％＋组内互评×30％＋教师评价×20％。

五、技能训练

某小区安装了广播系统。请你作为一名智能楼宇管理员，通过图 7-2-1 所示的音乐播放器，对小区广播系统进行测试。

任务三　多媒体显示系统测试与检修

一、任务描述

本任务要求完成多媒体显示系统的测试。该任务用到的器件有显示器、无线话筒、电源控制器和中央控制系统主机等设备。智能楼宇管理员通过对中央控制系统主机的配置，可完成对多媒体显示系统的测试。

学习目标：

1. 熟练掌握多媒体显示系统的接线；

2. 完成多媒体显示系统的测试。

二、学习准备

本任务要用到的显示器、电源控制器和中央控制系统主机在前面任务中都已介绍过，下面仅介绍无线话筒。

1. 无线话筒

无线话筒是由若干部袖珍发射机（可装在衣袋里，输出功率约 0.01W）和一部集中接收机组成。每部袖珍发射机各有一个互不相同的工作频率，集中接收机可以同时接收各部袖珍发射机发出的不同工作频率的话音信号。它适应于舞台、讲台等场合。

图 7-3-1 所示为无线话筒外观图。一般来说，无线话筒有以下几种分类方法。

（1）按频率分类

按频率可分为 FM 无线话筒、VHF 无线话筒和 UHF 无线话筒。FM 无线话筒的频率为 FM88～108MHz。早期消费性无线话筒是利用 FM 收音机来接收，系统简单。VHF 无线话筒的频率有两类，一类是低频 VHF50MHz，另一类是高频 VHF200MHz。前者因频率较低，使用天线长度太长，易受各种电器杂波干扰；后者则因频率较高，使用天线较短，甚至可以设计成隐藏式天线，受电器杂波干扰大为减少，且电路设计极为成熟，是目前市场上的热门机种。UHF 无线话筒的频率为 300～3000MHz，它避免了 V 段对讲机等的干扰，稳定性有了很大提高，是目前市场的主流产品。

（2）按选讯方式分类

按是否自动选讯可分为自动选讯接收无线话筒和非自动接收选讯无线话筒。前者采用双天线和双调谐器，避免了电波舆中产生的死角，接收机的声音输出效果较好；后者因没有采用自动选讯设计，无法消除话筒使用过程中声音中断的缺点，不宜在专业场合使用。

图 7-3-1　无线话筒外观图

（3）按锁定方式分类

按锁定方式可分为石英锁定（Quartz Locked）无线话筒和相位锁定频率合成（PLL Synthesized）无线话筒。前者以石英振荡器产生发射与接收精确稳定的固定频率，电路简单，成本低廉，是当今无线话筒的标准电路设计；后者为了避免无线话筒在使用中遇到其他信号的干扰而无法使用，或为了同时使用多支话筒的场合，需要随时方便又快速地改变频道，于是采用 PLL 的电路设计。

2. 无线话筒的性能参数

一般地，无线话筒有如下性能参数。

（1）发射器供电：4 节 1.5V AA 电池。

（2）发射功率：<10mW。

（3）频率范围：220～270MHz。

（4）输出方式：混合输出。

（5）静音控制：锁噪声。

（6）频偏：±15kHz。

（7）频率稳定度：±0.005%。

（8）失真度：<0.5%（1kHz）。

（9）频道数：两通道。

（10）使用距离：有效距离 50m。

三、任务实施

张师傅是负责某小区会议广播多媒体系统部署任务的一名智能楼宇管理员，他的第三个任务是操作小区内多媒体显示系统的测试。张师傅首先了解到本小区部署的是型号为XW-ZH8500控制主机，通过认真阅读该控制主机的使用说明书，张师傅提炼出了完成本任务的主要工作步骤。接下来，就让我们同张师傅一起走进该小区，去测试多媒体显示系统。

步骤1：打开控制台电源开关。

步骤2：打开控制柜电源开关。

步骤3：测试多媒体显示系统。

多媒体显示系统的测试需要对多媒体系统单元设备进行测试，其测试步骤见表7-3-1。

测试多媒体显示系统步骤 　　　　　　　　　　　　　　　　　表 7-3-1

步骤	图示
第一步：打开电源。打开 8 路电源时序器电源开关，时序开启音响设备	
第二步：登录平板控制系统。打开平板电脑，点击桌面会议系统图标，进入多媒体中央控制系统欢迎界面	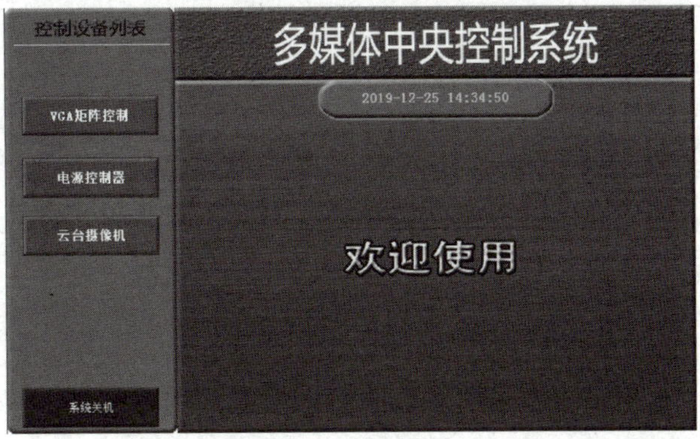

续表

步骤	图示
第三步：打开显示器和灯光。在平板电脑上打开电源控制器界面，点击投影开按钮，打开显示器，依次点击灯 1 开、灯 2 开、灯 3 开、窗帘开按钮，打开灯光和窗帘	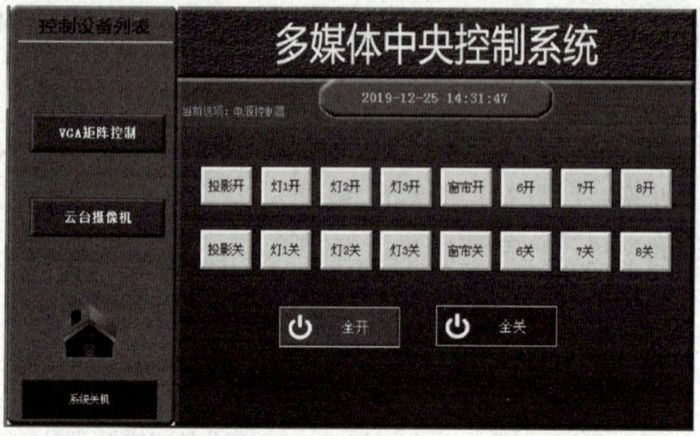
第四步：投屏到显示器。在平板电脑上打开 VGA 矩阵控制界面，再点击输入一按钮，再点击输出一按钮，点击"确认"按钮，即将半球摄像机画面投屏到显示器	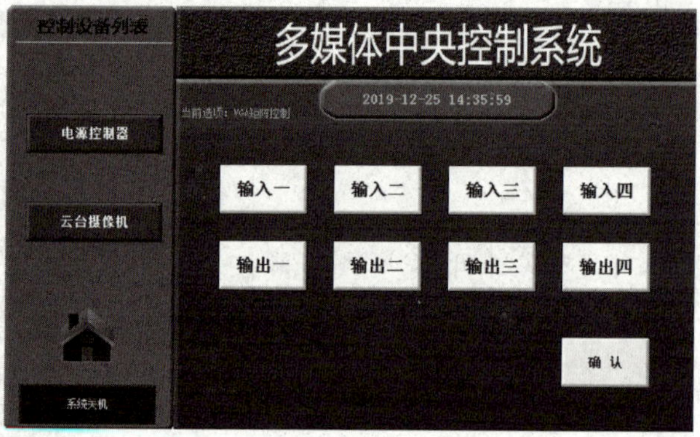
第五步：操作无线话筒。拿起无线话筒，开关拨打 ON，通过调音台上调节旋钮，调节音量输出，顺时针旋转 CHA 功放旋钮，调节音量大小，主音箱播放无线话筒声音	

四、总结评价

1. 主题讨论

（1）在本任务实施过程中，中央控制器起到什么作用？

（2）在本任务实施过程中，电源控制器是怎样实现灯光控制的？

2. 填写评价表

根据多媒体显示系统的测试情况，填写评价表 7-3-2。先在所在小组内完成自评和互评，各组再选派一名同学演示，请教师给小组评分。

多媒体显示系统测试实训评价表　　　　　　　　　表 7-3-2

评价项目	配分	自评	组内互评	教师评分	总评
操作步骤正确	30				
灯光和窗帘开启成功	30				
工作态度	10				
安全文明操作	20				
整理场地	10				
合计					

注：总评＝自评×50％＋组内互评×30％＋教师评价×20％。

五、技能训练

　　某小区有一个活动中心。请你作为一名智能楼宇管理员，通过图 7-1-1 所示的中央控制系统主机，对小区活动中心的多媒体显示系统进行测试。

建筑设备自动化系统是对建筑物或建筑群内的变配电、照明、电梯、空调、供热、给水排水、消防、保安等众多分散设备的运行安全状况、能源使用状况及节能状况，实行集中监视管理和分散控制的建筑物管理与控制系统，亦称 BAS（即 Building Automation System）。

建筑设备自动化系统一般由监控中心、DDC 控制器、现场传感器和现场设备组成。在建筑设备自动化系统中，设备控制采用的是集散控制和分布控制相结合的方式，通过控制网络实现的。这就要求控制设备和建筑设备都要遵循一定的通信协议，目前国际上采用较多的是 BACnet 和 LonMark。

本项目共包含 4 个工作任务，如图 8-1-0 所示。通过这 4 个工作任务的实施，学生可以掌握建筑设备自动化系统的接线、传感器操作、压差开关操作、给水排水系统编程、空气处理系统编程等技能。

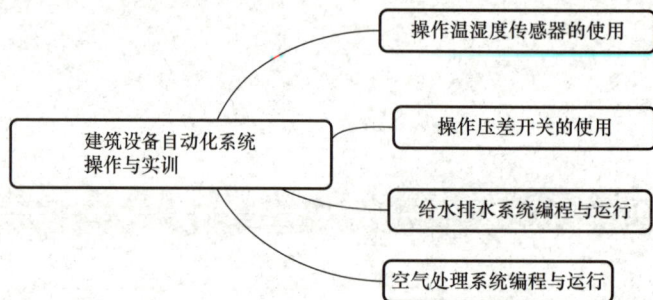

图 8-1-0　项目八任务导引图

任务一　操作温湿度传感器

一、任务描述

本任务要求会使用温湿度传感器。该任务用到的器件有 DDC 控制器、温湿度传感器等，将器件通过实训连接线连接后，智能楼宇管理员可通过 DDC 控制器进行编程设置，实现对 DDC 控制器模拟量的采集操作。

学习目标：

1. 了解 DDC 控制器的模拟量配置步骤；

2. 掌握 DDC 控制器的模拟量接线方法。

二、学习准备

你知道吗？

国家标准《智能建筑设计标准》GB 50314—2015 规定了建筑设备自动化系统的技术要求和检验方法，是设计、制造、检验建筑设备自动化系统的基本依据。作为一名未来的智能楼宇管理员，你应该通过互联网查阅一下此标准，以了解更多的相关知识。

1. Excel 800 控制器

Excel 800 控制器（包括 XCL8010A 控制器模块和 LonWorks 总线 I/O 模块）提供了针对加热、通风和空调（HVAC）系统的、高性价比的自由编程控制。它在能源管理方面有着广泛应用，其中包括最优化启停、夜间扫风以及最大负荷需求等。

模块化的设计理念使得系统可扩展，以适应系统今后的新需求。控制器可使用采用 LonWorks 技术的 LonWorks 总线 I/O 模块。I/O 模块包括了一个端子底座和一个可插拔的模块，这使得在模块安装之前就可以在底座上进行接线工作。所有的模块可以在不断电、不断网的情况下进行维护更新，包括软件更新、配置和调试。除此之外，开放的 LonWorks 标准还使得控制器可以很容易地集成第三方控制器，或与其他 Honeywell 控制设备进行通信（例如，Excel 10 和 Excel 12 区域控制器）。通过一个调制解调器或 ISDN 终端适配器连接到楼宇管理平台后，可以实现远端服务。图 8-1-1 所示为型号 XCL8010A 的 DDC 控制器。

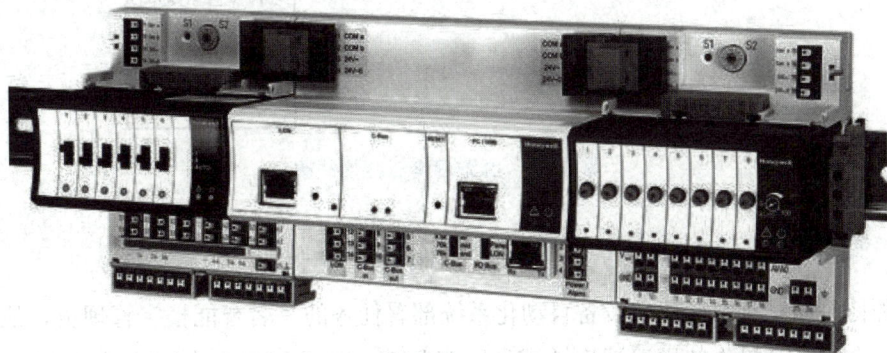

图 8-1-1　DDC 控制器外观图

2. 温湿度传感器

图 8-1-2 是温湿度传感器外观图，其型号：H7080B2103；输出信号：4～20mA/0～10VDC。

图 8-1-2　温湿度传感器外观图

3. 设备的线路连接

图 8-1-3 是温湿度传感器的接线图，按图连接线路后，即可操作温湿度传感器。

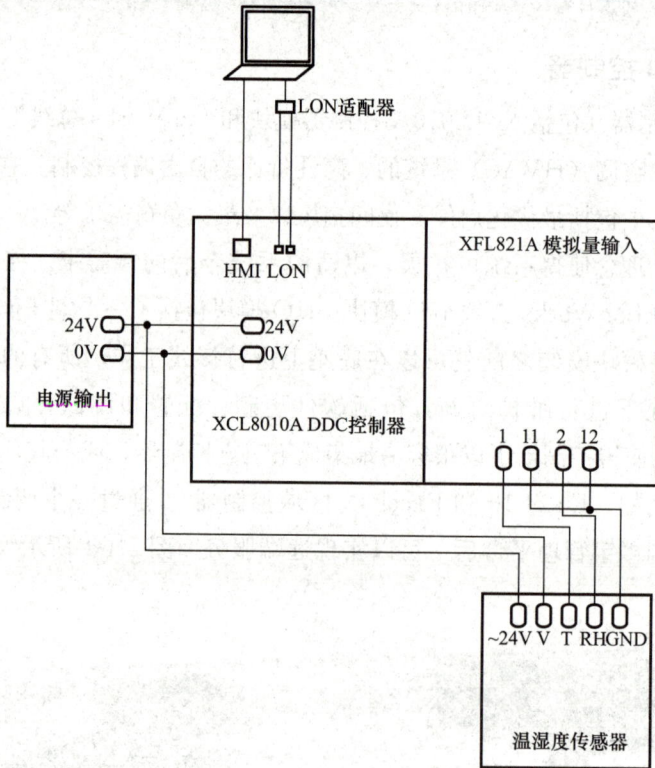

图 8-1-3　温湿度传感器接线图

三、任务实施

张师傅是负责某小区建筑设备自动化系统部署任务的一名智能楼宇管理员，他在该项目的第一个任务是操作使用温湿度传感器。张师傅首先了解到本小区部署的 DDC 控制器是型号为 XCL8010A 控制器，通过认真阅读该 DDC 控制器的使用说明书，张师傅提炼出了完成本任务的主要工作步骤。接下来，就让我们同张师傅一起走进该小区，去操作温湿度传感器。

步骤 1：按图 8-1-3 温湿度传感器接线图的要求，用 3 号线将 DDC 控制器、温湿度传感器连接起来。

步骤 2：打开电源开关。

步骤 3：操作温湿度传感器。

操作温湿度传感器需要对 DDC 控制器进行设置，其中 DDC 控制器的设置步骤见表 8-1-1。

DDC 控制器设置步骤　　　　　　　　　　表 8-1-1

步骤	图示
第一步：打开编程软件。点击"开始"—"程序"—"Honeywell XL5000"—"Honeywell XL5000"打开编程软件	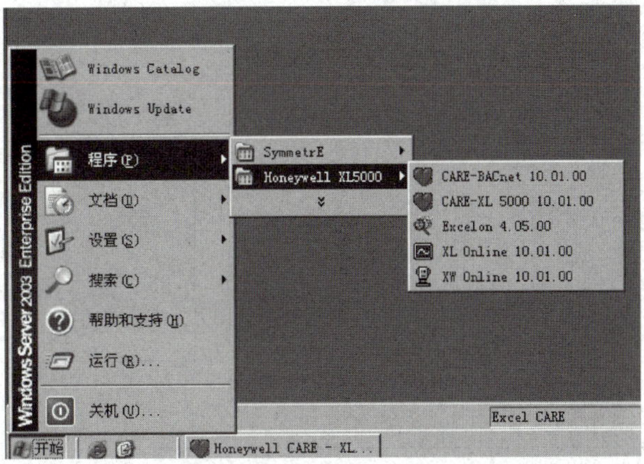
第二步：新建工程	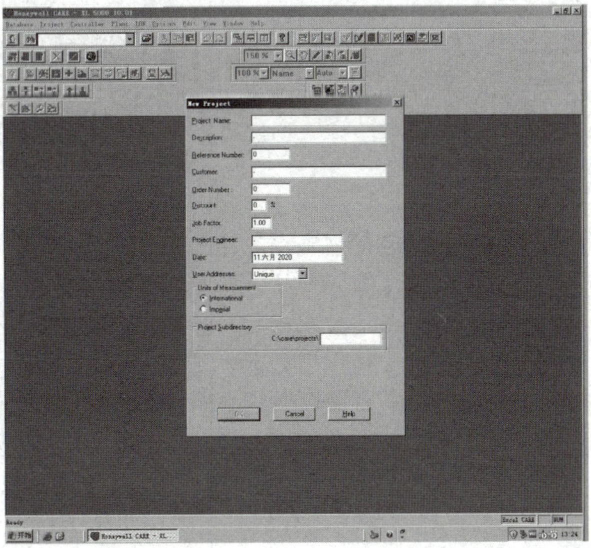

续表

步骤	图示
第三步：新建控制器和控制对象后，打开如图所示窗口	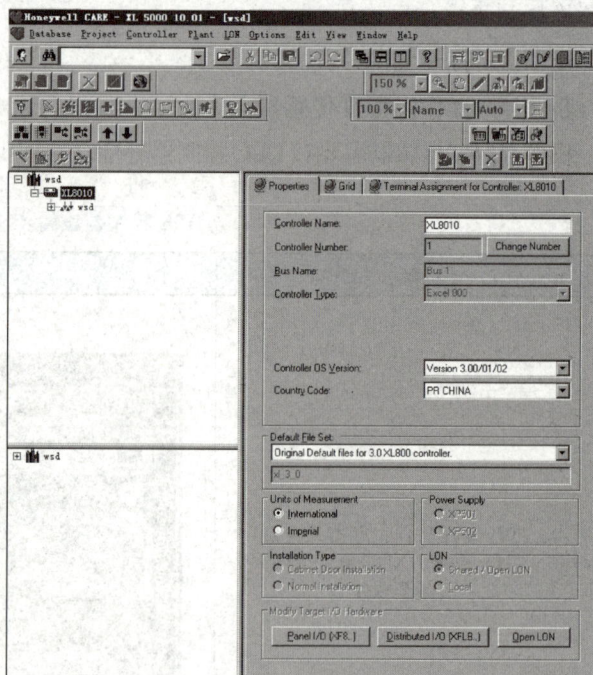
第四步：创建温度和湿度模拟量输入点	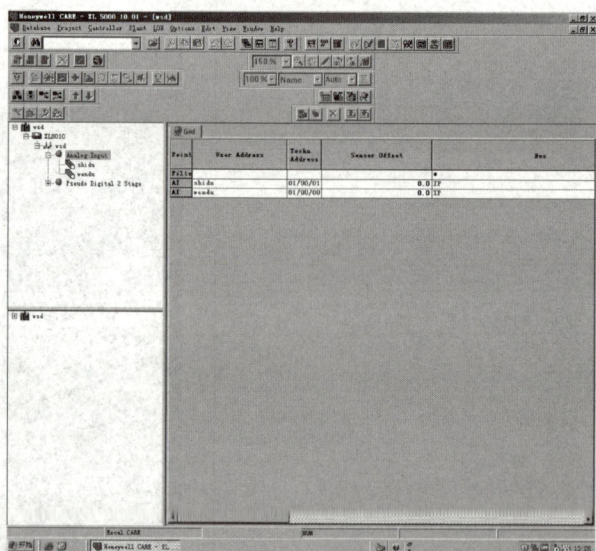

步骤	图示
第五步：配置输入特性	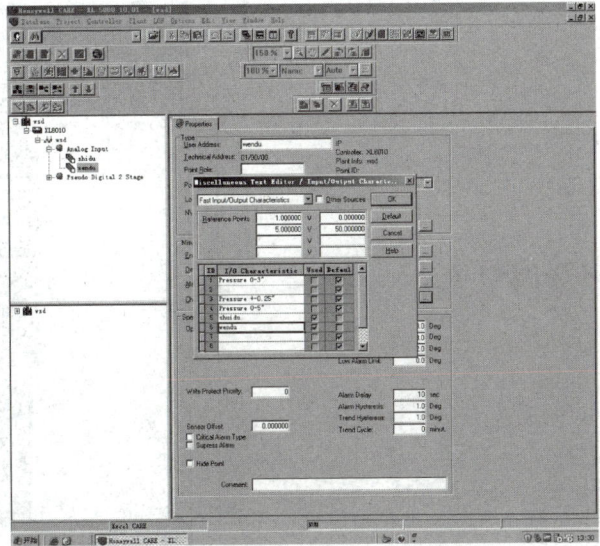
第六步：用同样的方法新建湿度转换特性，并将特性配置到温度和湿度采集点	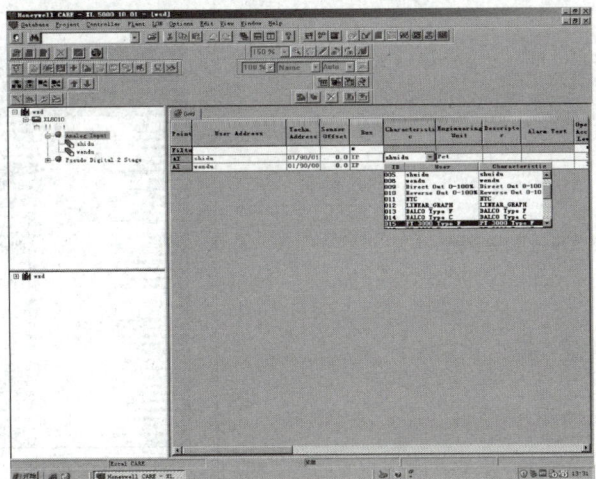

续表

步骤	图示
第七步：编译工程	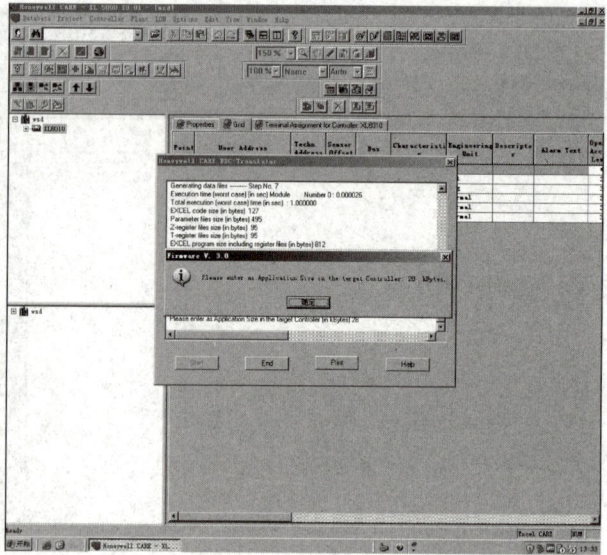
第八步：下载工程	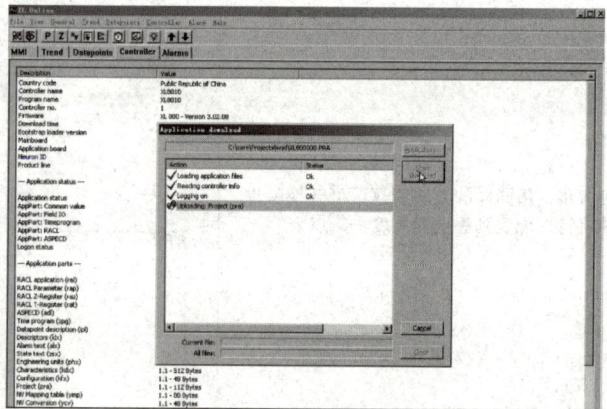

续表

步骤	图示
第九步：进行 Lonworks 通信	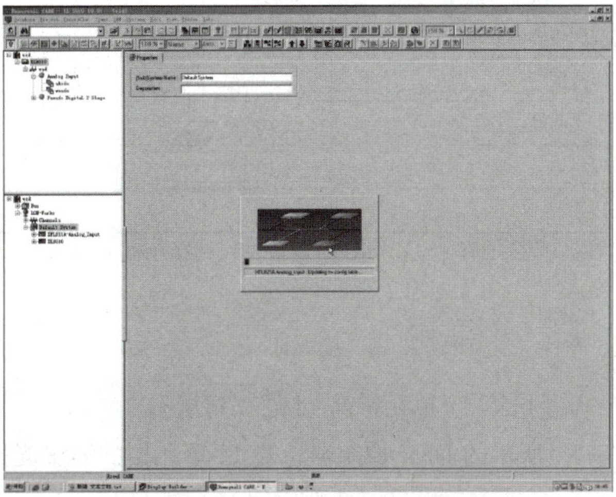
第十步：在终端界面上对温湿度传感器的数据进行调试	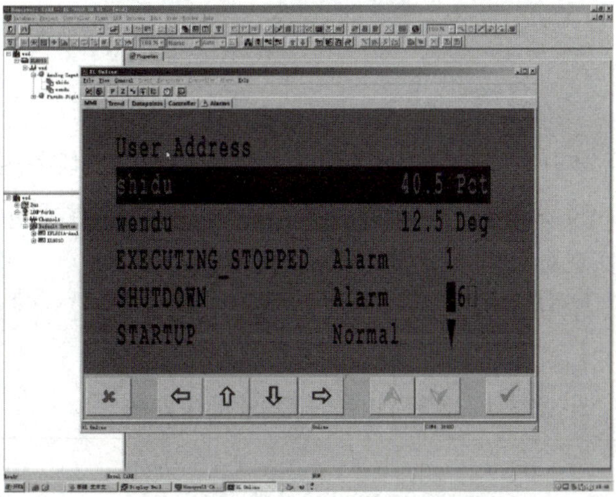

四、总结评价

1. 主题讨论

（1）在本任务实施过程中，温湿度的变量类型是开关量还是模拟量？

（2）在本任务实施过程中，如何操作温湿度传感器的数据变化？

2. 填写评价表

根据 DDC 控制器设置的完成情况，填写评价表 8-1-2。先在所在小组内完成自评和互评，各组再选派一名同学演示，请教师给小组评分。

温湿度控制器设置参数实训评价表 表 8-1-2

评价项目	配分	自评	组内互评	教师评分	总评
DDC 控制器参数设置正确	30				
温湿度传感器数据采集成功	30				
工作态度	10				
安全文明操作	20				
整理场地	10				
合计					

注：总评＝自评×50％＋组内互评×30％＋教师评价×20％。

五、技能训练

某小区第 17 单元，高 14 层，每层有 3 户人家。请你作为一名智能楼宇管理员，通过图 8-1-1 所示的 DDC 控制器，对 17 单元楼的温湿度传感器设置参数。

任务二　操作压差开关的使用

一、任务描述

本任务要求完成压差开关的操作使用。该任务用到的器件有 DDC 控制器、压差开关等。将器件通过实训连接线连接后，智能楼宇管理员通过 DDC 控制器进行编程设置，可以实现对 DDC 控制器开关量的采集操作。

学习目标：

1. 了解 DDC 控制器的开关量配置步骤；
2. 掌握 DDC 控制器的开关量接线方法。

二、学习准备

压差开关：型号：DPS-400A，介质：空气和无腐蚀气体，单侧最大过载：5000Pa，使用寿命：大于 1000000 次开关，振动膜：硅树脂（低膨胀橡胶，不含 ABS），安装托盘：钢片（电镀），管道接头：ABS，管道：PVC，柔软，如图 8-2-1 所示。

图 8-2-1　压差开关外观图

三、任务实施

张师傅是负责某小区建筑设备自动化系统部

署任务的一名智能楼宇管理员，他在该项目的第二个任务是操作使用压差开关。张师傅首先了解到本小区部署的 DDC 控制器是型号为 XCL8010A 控制器，通过认真阅读该 DDC 控制器的使用说明书，张师傅提炼出了完成本任务的主要工作步骤。接下来，就让我们同张师傅一起，走进该小区，去操作使用压差开关。

步骤 1. 压差开关的线已经在内部和 DDC 控制器接好，无需接线。

步骤 2. 打开电源开关。

步骤 3. 操作压差开关。

操作压差开关需要对 DDC 控制器进行设置，其中 DDC 控制器的设置步骤见表 8-2-1。

DDC 控制器设置步骤   表 8-2-1

步骤	图示
第一步：打开编程软件。点击"开始"—"程序"—"Honeywell XL5000"—"Honeywell XL5000"打开编程软件	
第二步：新建工程	

续表

<table>
<tr><th>步骤</th><th>图示</th></tr>
<tr><td>第三步：新建控制器和控制对象后，打开如图所示窗口</td><td>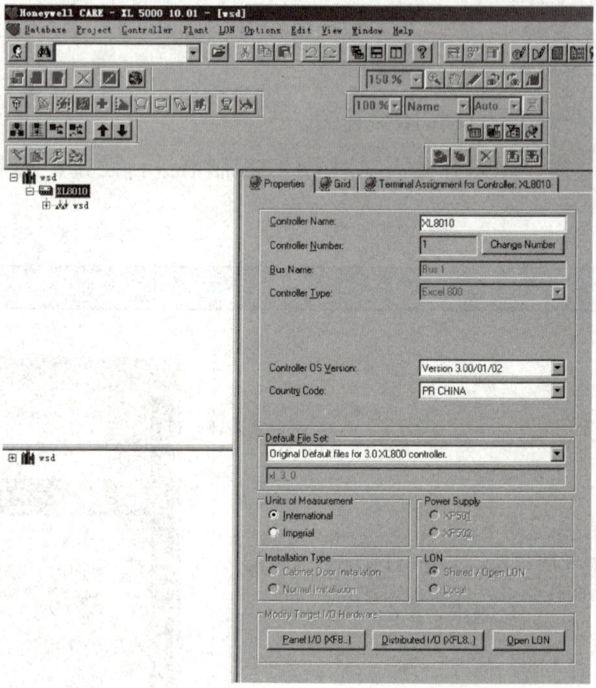
</td></tr>
<tr><td>第四步：创建开关量输入点</td><td>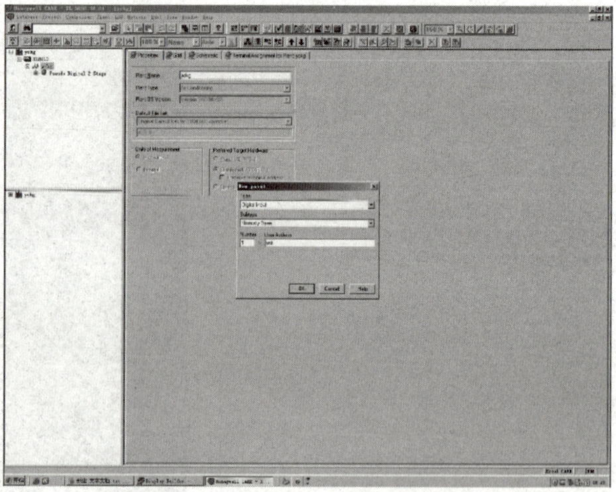</td></tr>
</table>

续表

步骤	图示
第五步：配置压差开关的输入通道	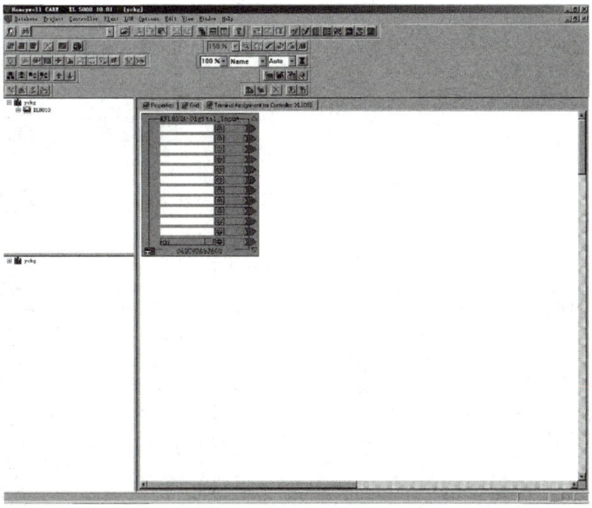
第六步：配置压差开关的工程量单位	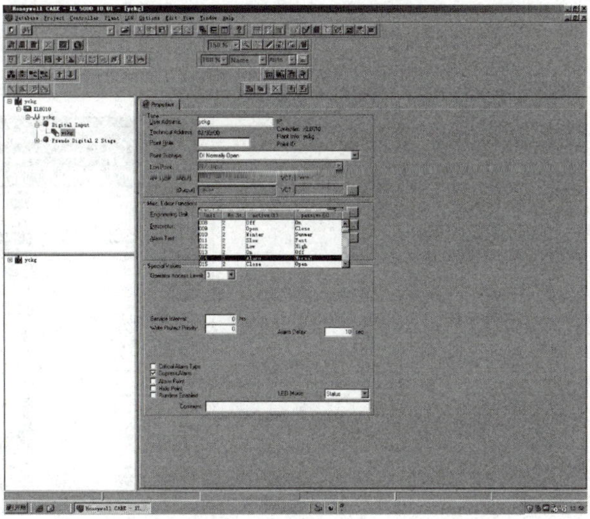

步骤	图示
第七步：编译工程	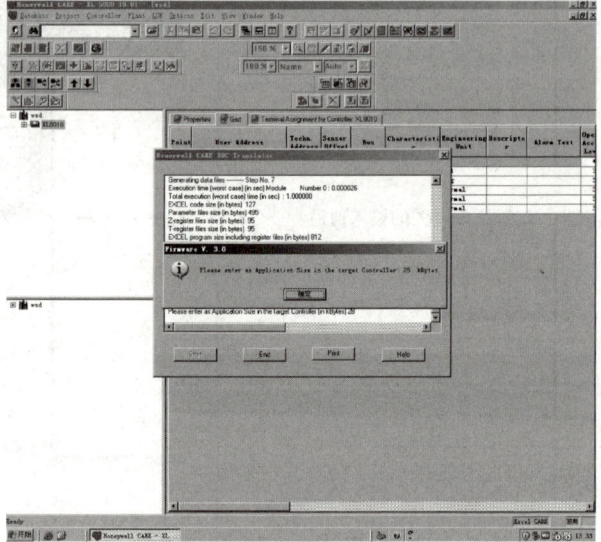
第八步：下载工程	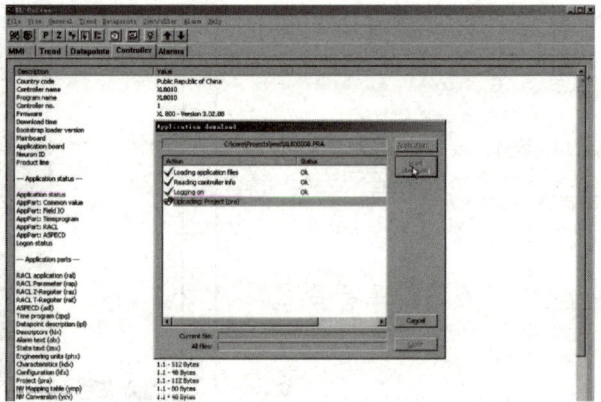

步骤	图示
第九步：进行 Lonworks 通信	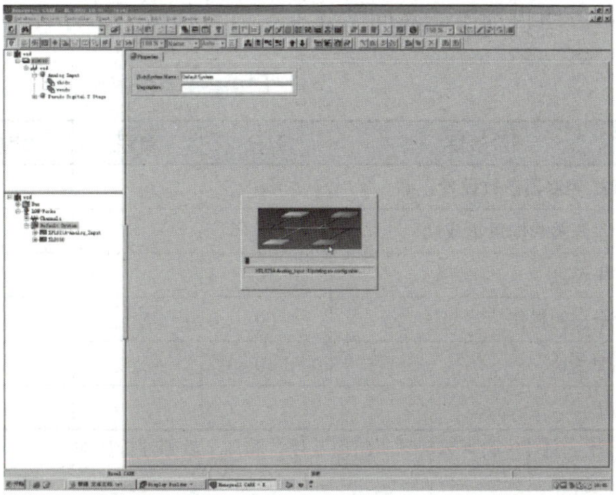
第十步：在终端界面上对压差开关的数据进行调试	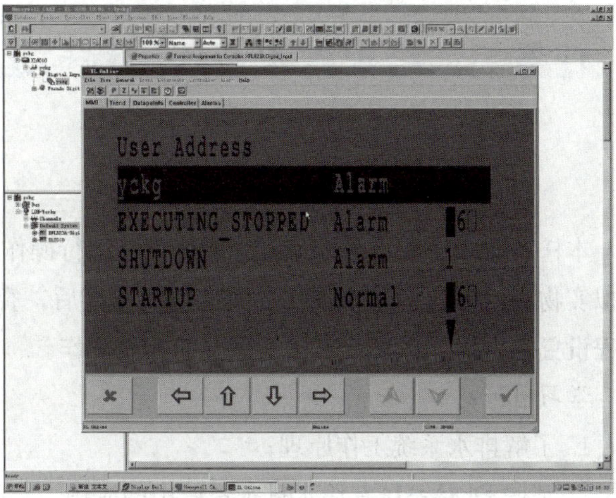

四、总结评价

1. 主题讨论

（1）在本任务实施过程中，当开关量的设置参数发生改变后，要重新编译、下载工程吗？

（2）在本任务实施过程中，创建开关量和模拟量输入点有何不同？

2. 填写评价表

根据 DDC 控制器设置的完成情况，填写评价表 8-2-2。先在所在小组内完成自评和互评，各组再选派一名同学演示，请教师给小组评分。

压差开关设置参数实训评价表　　　　　　　　表 8-2-2

评价项目	配分	自评	组内互评	教师评分	总评
DDC 控制器参数设置正确	30				
压差开关数据采集成功	30				
工作态度	10				
安全文明操作	20				
整理场地	10				
合计					

注：总评＝自评×50％＋组内互评×30％＋教师评价×20％。

五、技能训练

某小区第 17 单元，高 14 层，每层有 3 户人家。请你作为一名智能楼宇管理员，通过图 8-1-1 所示的 DDC 控制器，对 17 单元楼的压差开关进行参数设置。

任务三　给水排水系统编程与运行

一、任务描述

本任务要求完成给水排水系统的编程与运行操作。该任务用到的器件有 DDC 控制器、虚拟实物对象等。将器件通过实训连接线连接后，智能楼宇管理员通过 DDC 控制器进行编程设置，可以实现对给水排水系统的控制操作。

学习目标：

1. 了解排水系统工作原理；
2. 掌握 DDC 系统在给水排水系统中的应用。

二、学习准备

1. 三维虚拟对象

虚拟实物对象包含中央空调空气处理系统、中央空调水系统、给水排水系统、供配电系统、电梯系统 5 个模块。系统通过 3D 引擎实现中央空调系统、供配电系统、给水排水系统和电梯系统的虚拟化，并对虚拟化对象进行数据建模，配合专用数据接口卡和控制器，实现虚实一体的控制系统，三维虚拟对象系统如图 8-3-1 所示。

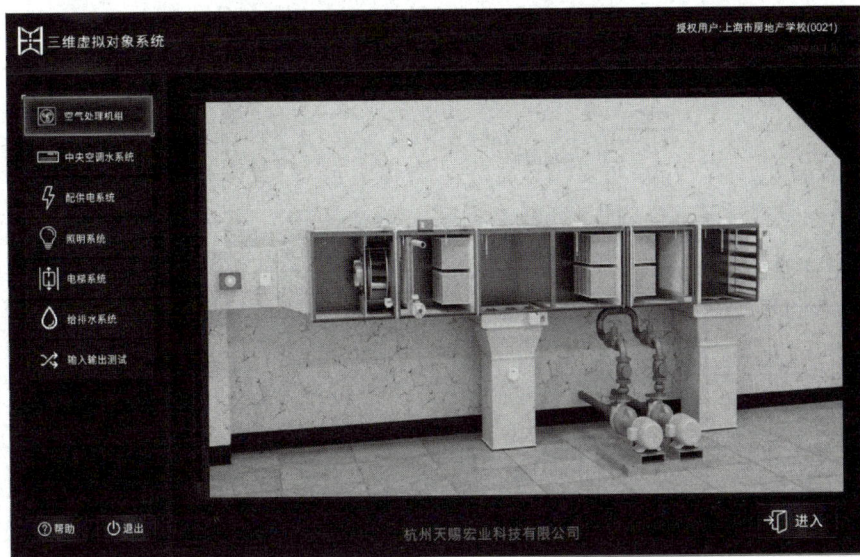

图 8-3-1　三维虚拟对象系统

2. 给水排水系统

给水排水系统是指水的收集、输送、水质的处理和排放等设施，以一定方式组合成的总体，用以除涝、防渍、防盐的各级排水沟（管）道及建筑物的总称。它主要由田间排水调节网、各级排水沟、蓄涝湖泊、排水闸、抽排泵站和排水容泄区等组成。其工作原理如下：

（1）当污水池中水位高于启泵水位时，系统自动启动主用污水泵。

（2）当污水池中水位低于停泵水位时，系统自动停止主用污水泵。

（3）当污水池中水位高于报警水位时，说明系统排水能力不够，系统自动启动备用泵并报警。

（4）排水泵设置一用一备，当主用生活泵出现故障，系统自动报警且备用排水泵自动投入运行，同时自动显示启/停状态和累计运行时间。

3. 设备的线路连接

图 8-3-2 是给水排水系统运行的接线图，按图连接线路后，即可操作给水排水系统。

三、任务实施

张师傅是负责某小区建筑设备自动化系统部署任务的一名智能楼宇管理员，他在该项目的第三个任务是操作给水排水系统的编程与运行。张师傅首先了解到本小区部署的 DDC 控制器是型号为 XCL8010A 控制器，通过认真阅读该 DDC 控制器的使用说明书，张师傅提炼出了完成本任务的主要工作步骤。接下来，就让我们同张师傅一起，走进该小区，去操作给水排水系统的编程与运行。

步骤 1：按图 8-3-2 给水排水系统运行接线图的要求，用 3 号线将 DDC 控制器、虚拟实物对象接口连接起来。

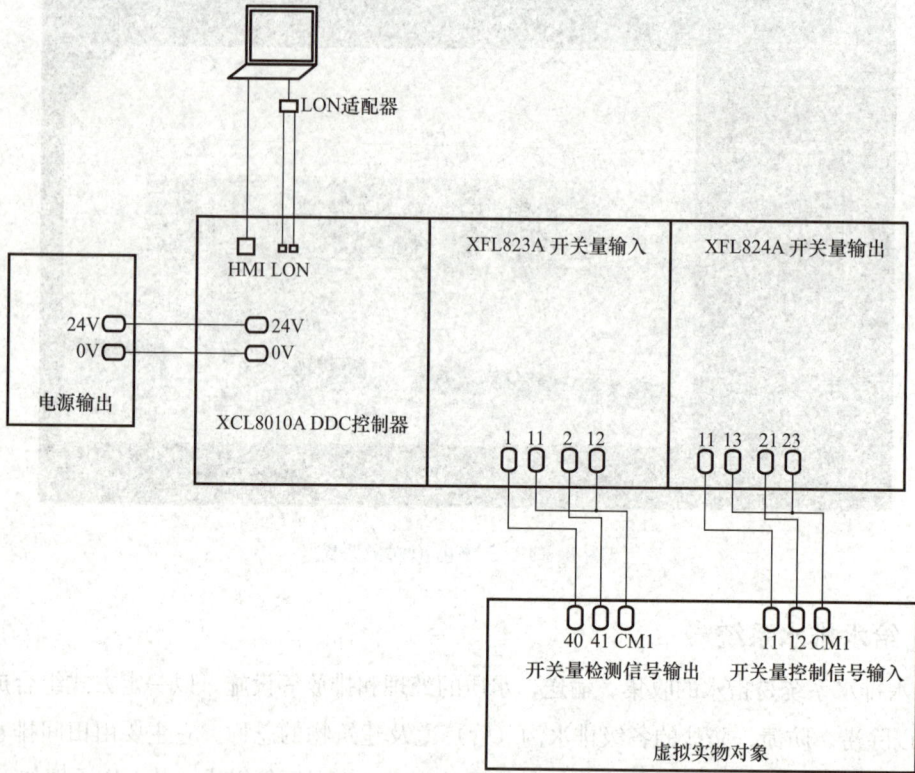

图 8-3-2　给水排水系统运行接线图

步骤 2：打开电源开关。

步骤 3：操作给水排水系统。

操作给水排水系统需要对 DDC 控制器进行设置，其中 DDC 控制器的设置步骤见表 8-3-1。

DDC 控制器设置步骤　　　　　　　　　　　　　　表 8-3-1

步骤	图示
第一步：打开编程软件。点击"开始"—"程序"—"Honeywell XL5000"—"Honeywell XL5000"打开编程软件	

续表

步骤	图示
第二步：新建工程	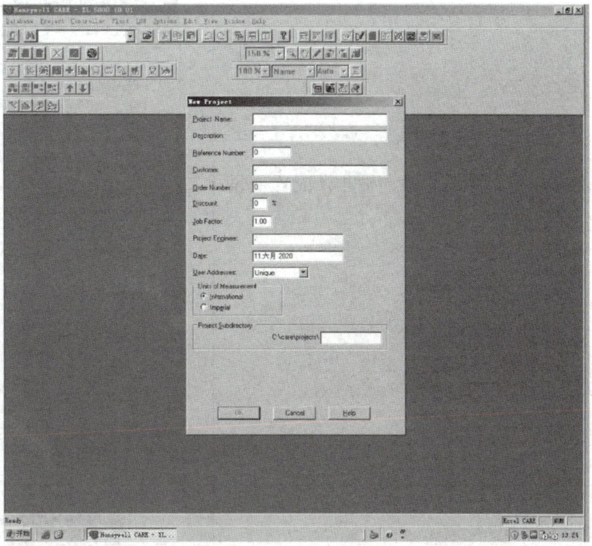
第三步：新建控制器和控制对象后，打开如图所示窗口	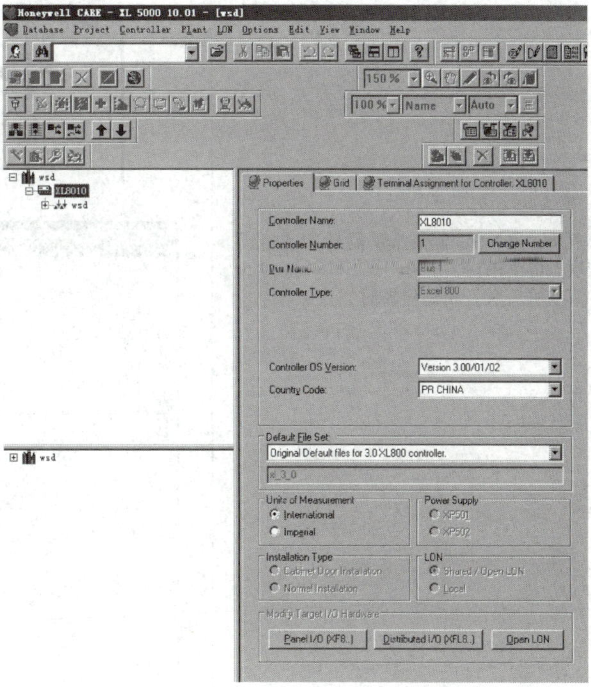

续表

步骤	图示
第四步：建立开关量输入输出，配置变量的工程单位	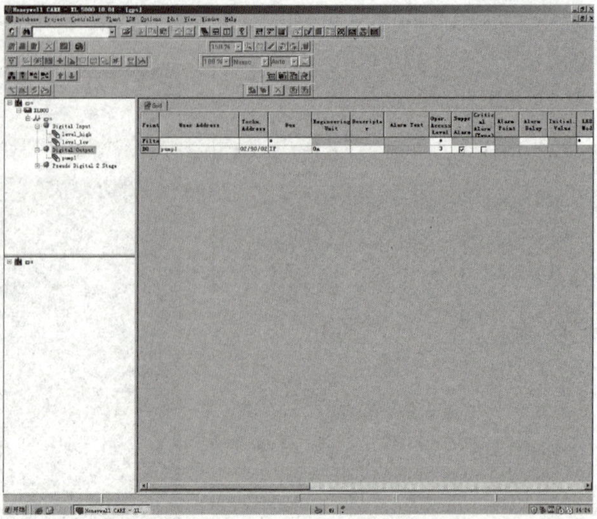
第五步：鼠标左键选择左侧栏的"gps"，依次点击菜单栏"Plant"—"Switching Logic"，打开开关逻辑编程界面	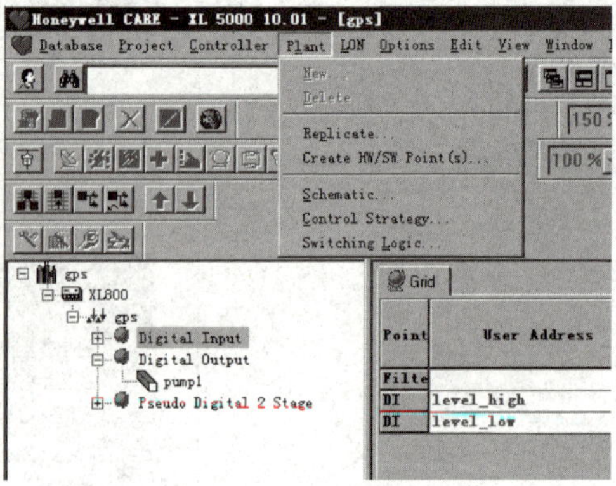 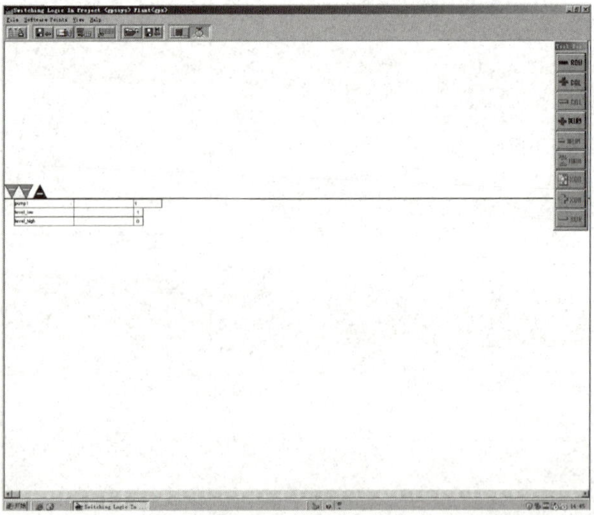

续表

步骤	图示
第六步：进行开关逻辑编程	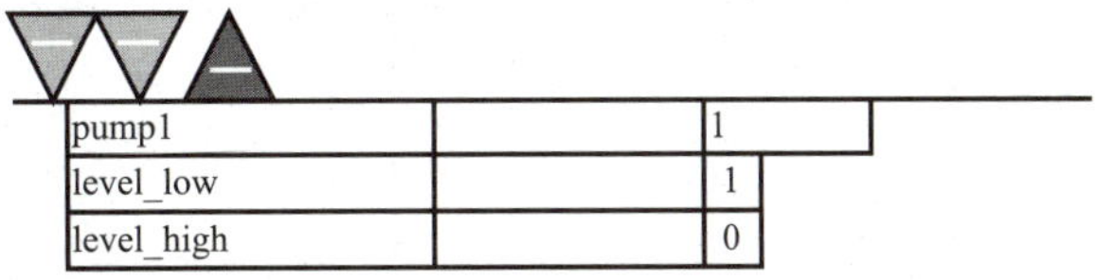
第七步：编译工程	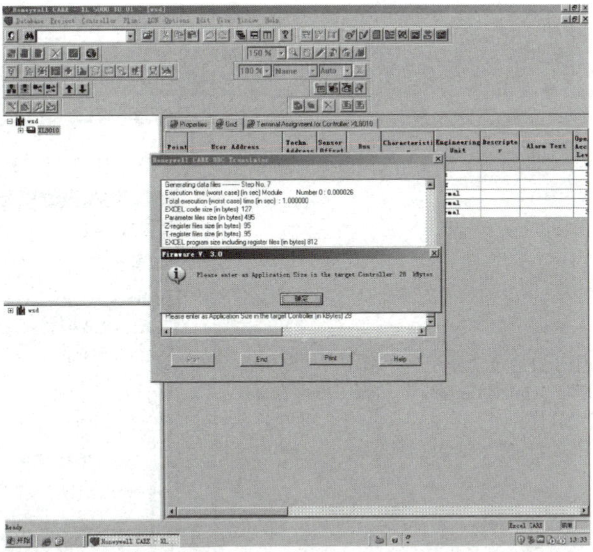
第八步：下载工程	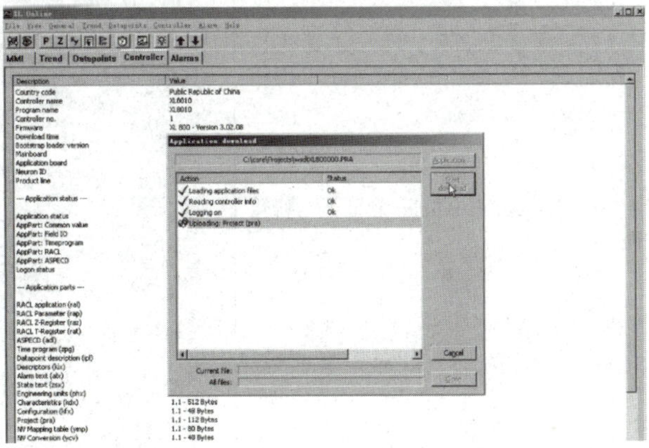

步骤	图示
第九步：进行 Lonworks 通信	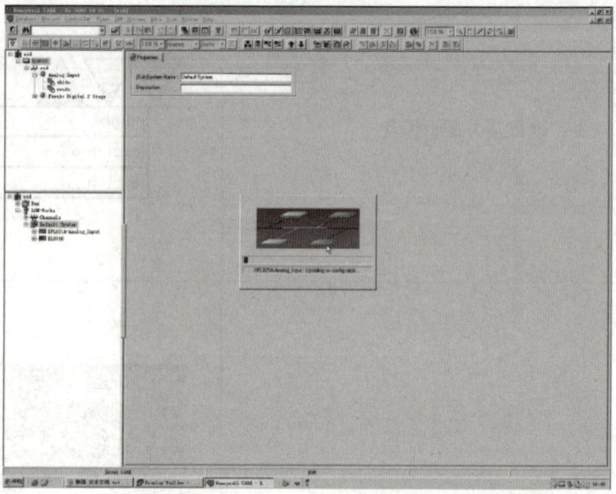
第十步：通过"开始"—"程序"—"Symme-trE"—"Quick Builder"，打开 Quick Builder 配置软件	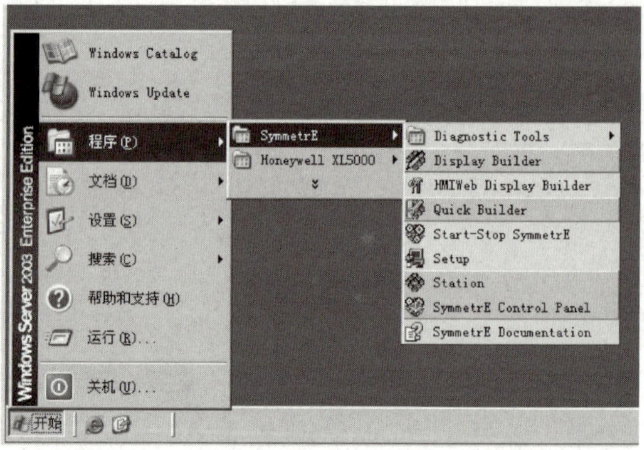
第十一步：在 Quick Builder 软件上，新建工程	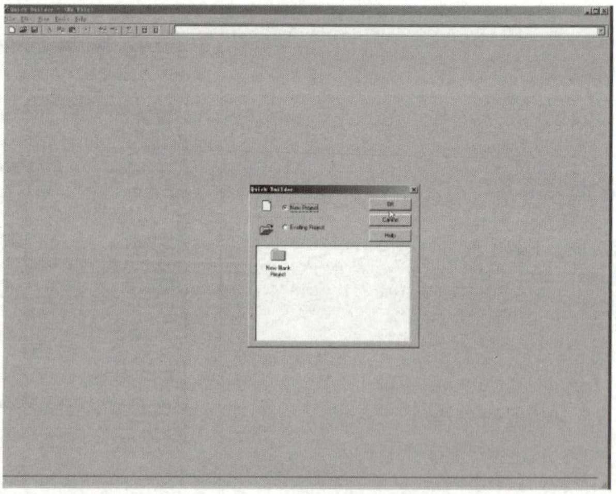

续表

步骤	图示
第十二步：在 Quick Builder 软件上，建立静态站	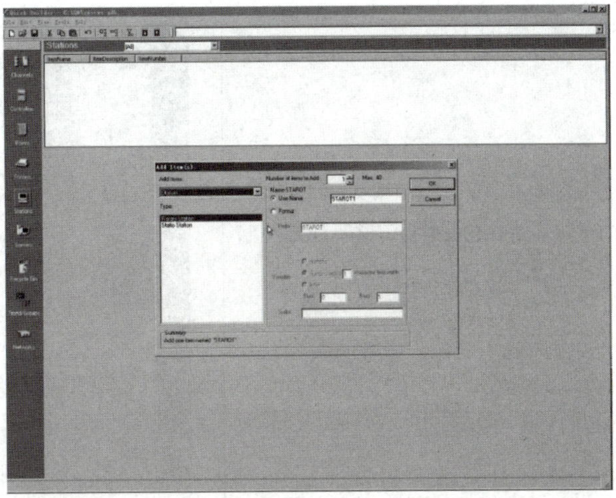
第十三步：在 Quick Builder 软件上，点击 "▨" 图标，下载配置数据	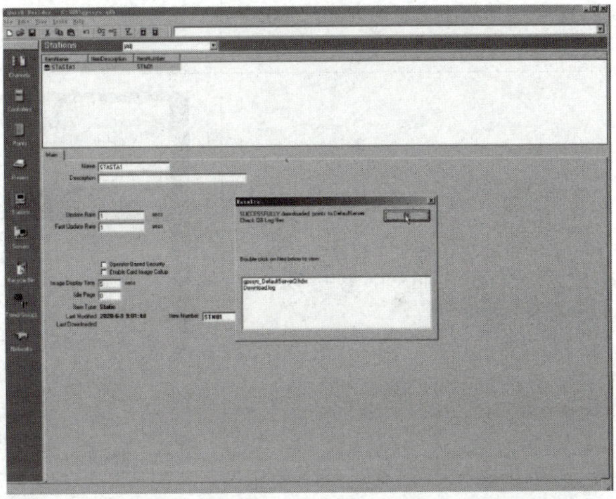
第十四步：在 Quick Builder 软件上，与 DDC 控制器进行通信	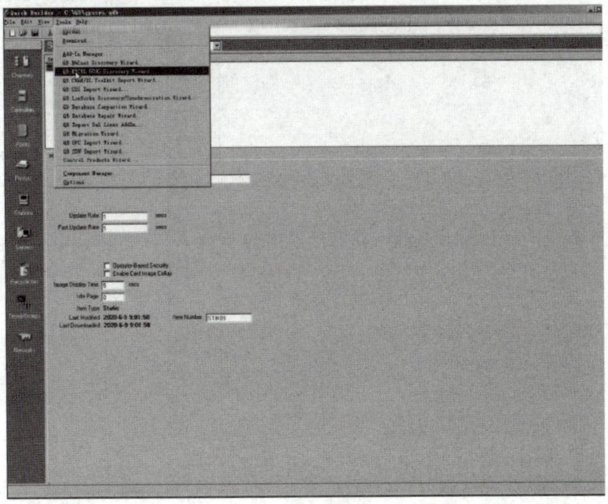

续表

步骤	图示
第十五步：进行数据通信，导入 DDC 控制器中的所有变量	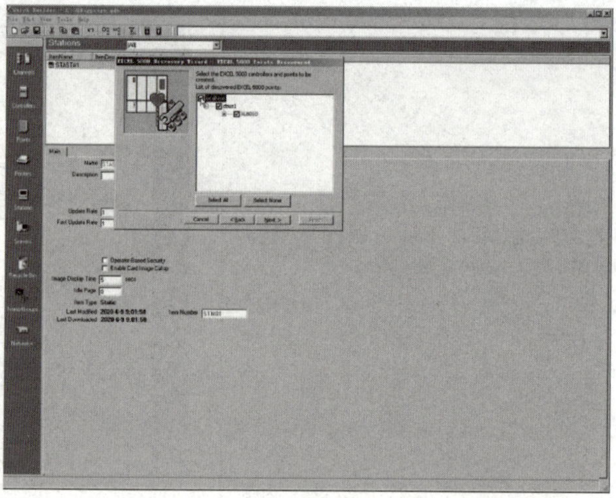
第十六步：按照第十三步的方法，再次下载配置数据	
第十七步：通过"开始"—"程序"—"SymmetrE"—"Display Builder"，打开 Display Builder 配置软件	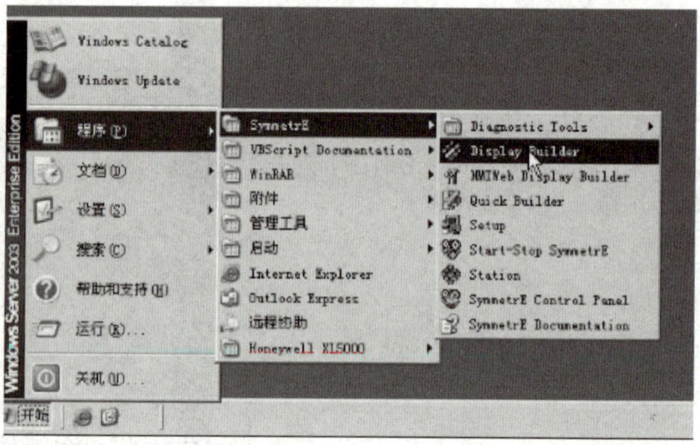
第十八步：用 Display Builder 进行图形组态	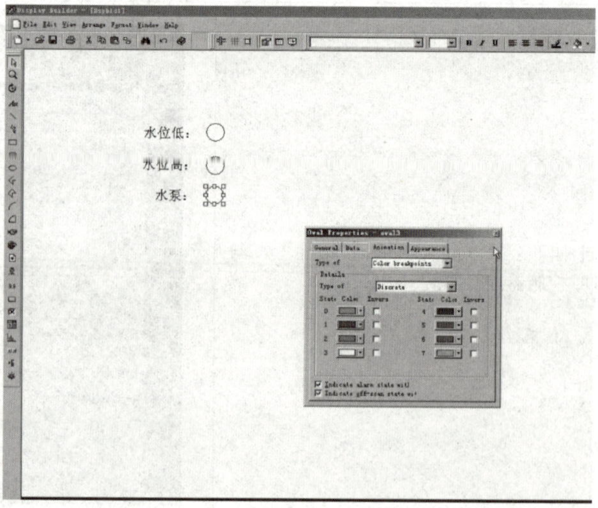

续表

步骤	图示
第十九步：用 Display Builder 进行数据连接	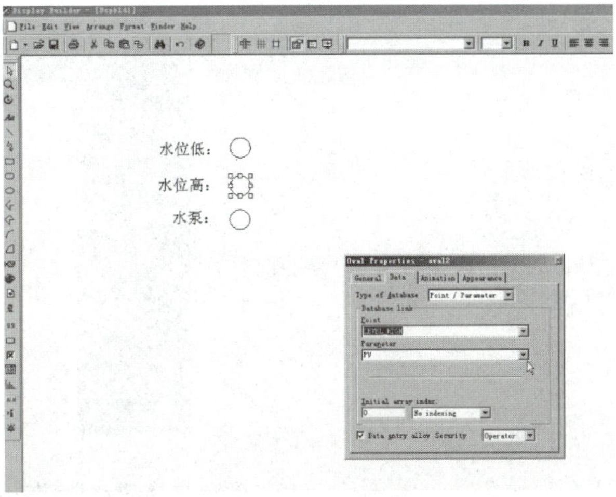
第二十步：保存图形界面	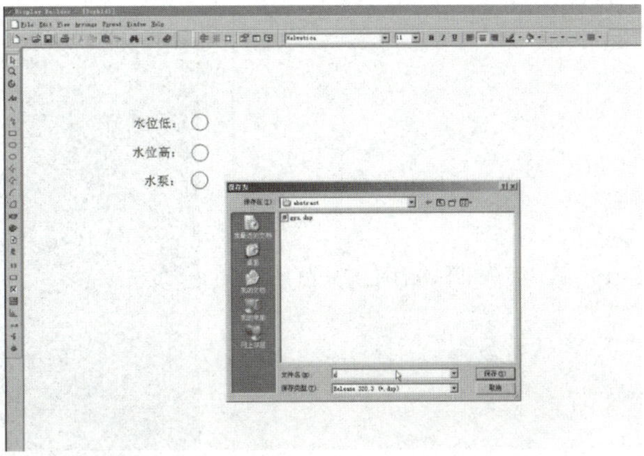
第二十一步：通过“开始”—“程序”—“SymmetrE”—“Station”，打开 Station 软件	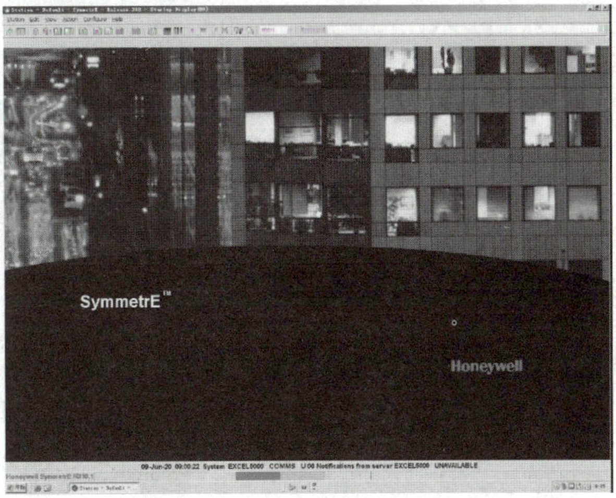

续表

步骤	图示
第二十二步：在 Station 上登录工程师账户	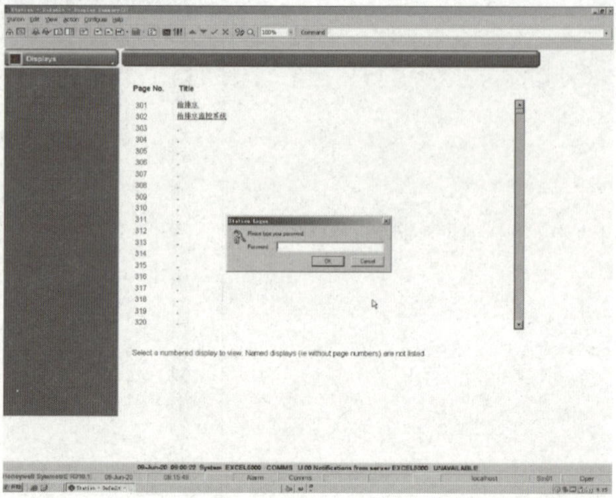
第二十三步：在 Station 软件上打开监控画面	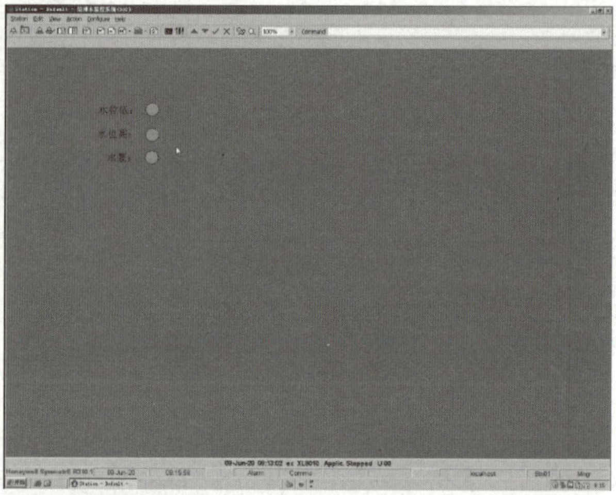
第二十四步：运行虚拟实物对象系统	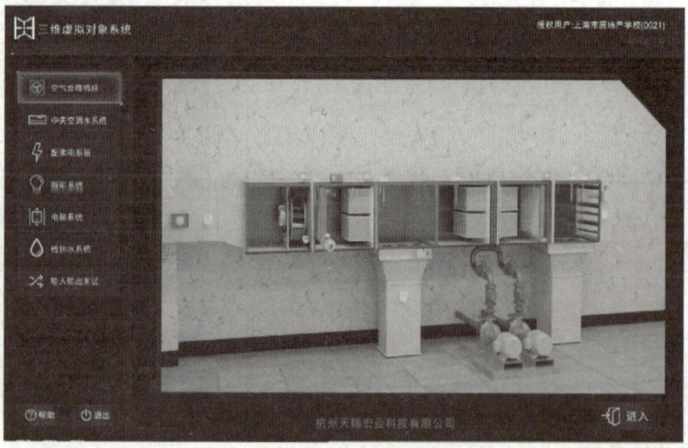

续表

步骤	图示
第二十五步：点击进入给水排水控制系统	
第二十六步：根据控制程序，选择给水系统对象，点击进入按钮	
第二十七步：根据控制逻辑，通过虚拟对象的操作，验证控制器的程序	

四、总结评价

1. 主题讨论

（1）在本任务实施过程中，软件打开的先后顺序可以调换吗？

（2）在本任务实施过程中，如何启动给水排水系统的水泵？

2. 填写评价表

根据 DDC 控制器设置的完成情况，填写评价表 8-3-2。先在所在小组内完成自评和互评，各组再选派一名同学演示，请教师给小组评分。

给水排水系统编程与运行实训评价表   表 8-3-2

评价项目	配分	自评	组内互评	教师评分	总评
DDC 控制器参数设置正确	30				
给水排水系统运行正常	30				
工作态度	10				
安全文明操作	20				
整理场地	10				
合计					

注：总评＝自评×50％＋组内互评×30％＋教师评价×20％。

五、技能训练

某小区第 17 单元，高 14 层，每层有 3 户人家。请你作为一名智能楼宇管理员，通过图 8-1-1 所示的 DDC 控制器，对 17 单元楼的给水排水系统进行参数设置。

任务四　空气处理系统编程与运行

一、任务描述

本任务要求完成空气处理系统的编程与运行操作。该任务用到的器件有 DDC 控制器、虚拟实物对象等。将器件通过实训连接线连接后，智能楼宇管理员通过 DDC 控制器进行编程设置，可以实现对中央空调一次回风系统的操作控制。

学习目标：

1. 了解中央空调一次回风系统工作原理；
2. 掌握 DDC 在空气处理系统中的应用。

二、学习准备

1. 空气处理系统

（一）一次回风中央空调空气处理系统概述

所谓一次回风，就是送进来的风，一部分是室外新风，另一部分是室内回风，二者混合后，一起送入室内称为一次回风系统，如图 8-4-1 所示。一次回风中央空调空气处理系统通过回风处理，较好地解决了夏、冬季节空气调节质量与效率之间的矛盾。

在夏季工况时，当回风温度升高时，控制器控制电动二通阀比例开大水阀；当回风温度降低时，控制器控制电动二通阀比例关小水阀。

在冬季工况时，当回风温度升高时，控制器控制电动二通阀比例关小水阀；当回风温度降低时，控制器控制电动二通阀比例开大水阀。

（二）中央空调一次回风系统控制功能

（1）送风温度控制：根据设定值与测量值之差 PID 控制冷/热水阀的开度，保证送风温度为设定值。

（2）送风湿度控制：自动控制加湿阀启停，保证送风湿度为设定值。

（3）风阀开度控制：自动控制风阀开度，保证送风温度为设定值。

（4）压差开关用来检测过滤网的清洁程度，过滤网过脏，过滤网两边的压差越大，达到某一数值后输出报警信号。

（5）风阀执行器与风机联锁，保证风机停机同时电动风阀也关闭。

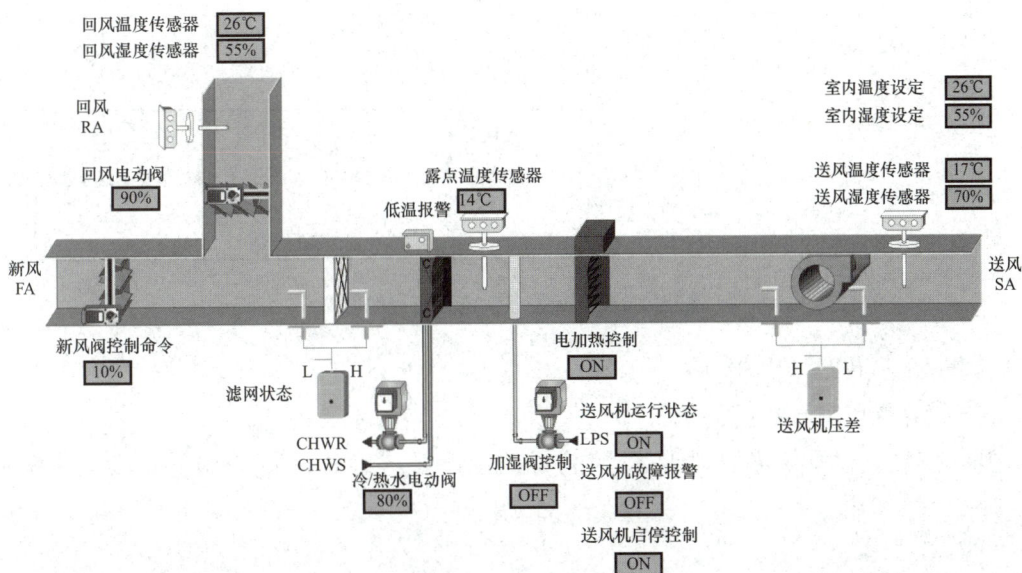

图 8-4-1　中央空调一次回风系统

2. 设备的线路连接

图 8-4-2 是空气处理系统运行接线图，按图连接线路后，即可操作空气处理系统。

三、任务实施

张师傅是负责某小区建筑设备自动化系统部署任务的一名智能楼宇管理员，他在该项目的第四个任务是操作控制空气处理系统的编程与运行。张师傅首先了解到本小区部署的 DDC 控制器是型号为 XCL8010A 控制器，通过认真阅读该 DDC 控制器的使用说明书，张师傅提炼出了完成本任务的主要工作步骤。接下来，就让我们同张师傅一起，走进该小区，去操作空气处理系统的编程与运行。

步骤1：按图 8-4-2 空气处理系统运行接线图的要求，用 3 号线将 DDC 控制器、虚拟实物对象接口连接起来。

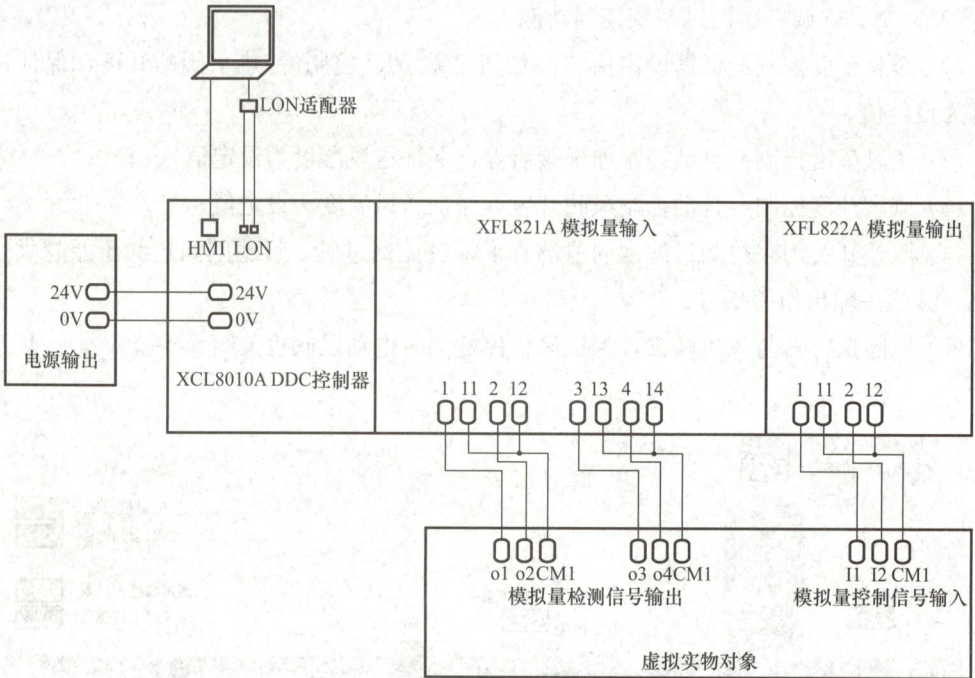

图 8-4-2 空气处理系统运行接线图

步骤 2：打开电源开关。

步骤 3：操作空气处理系统。

操作空气处理系统需要对 DDC 控制器进行设置，其中 DDC 控制器的设置步骤见表 8-4-1。

DDC 控制器设置步骤   表 8-4-1

步骤	图示
第一步：打开编程软件。点击"开始"—"程序"—"Honeywell XL5000"—"Honeywell XL5000"打开编程软件	

续表

步骤	图示
第二步：新建工程	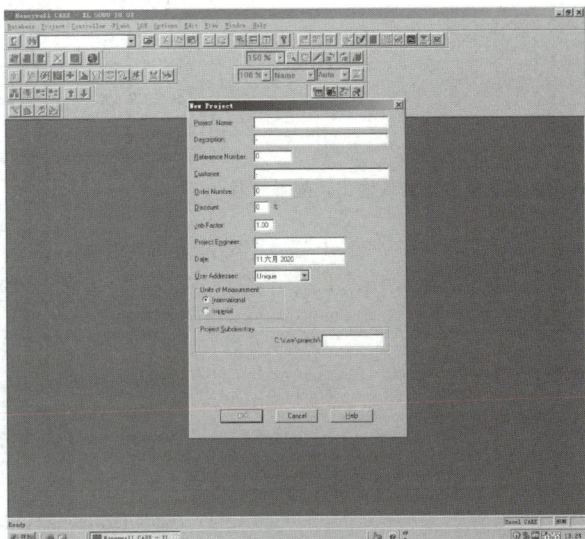
第三步：新建控制器和控制对象后，打开如图所示窗口	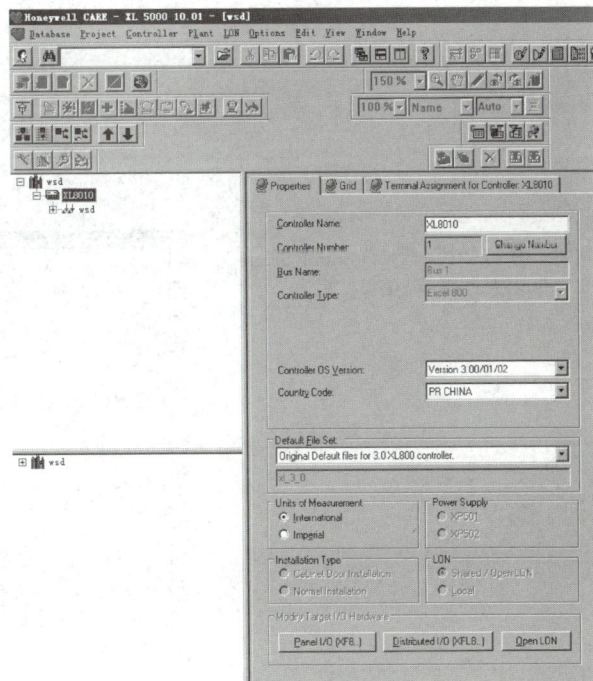

续表

步骤	图示
第四步：建立模拟量输入输出，配置变量的工程单位	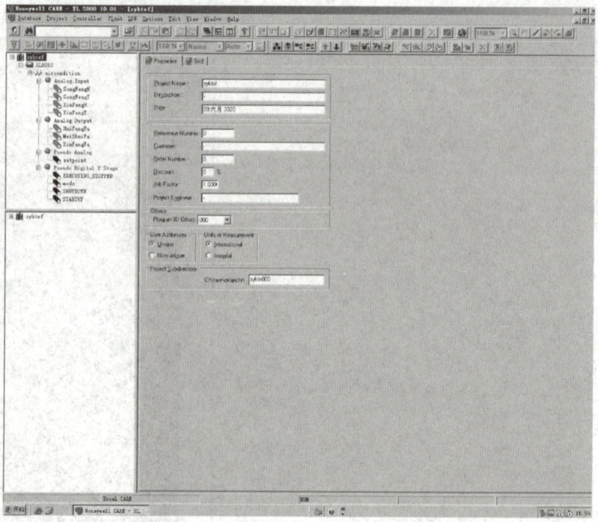
第五步：通过"Plant"—"Control Strategy"，打开控制逻辑算法编程界面	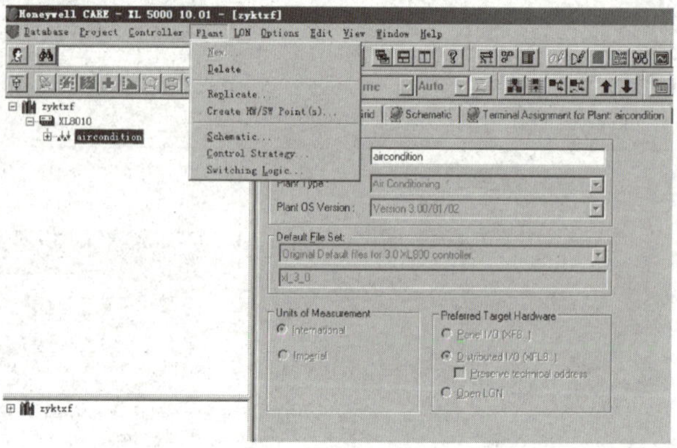 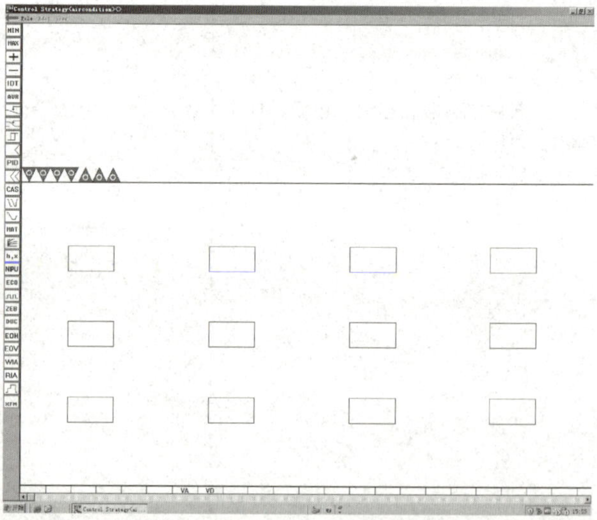

续表

步骤	图示
第六步：在 Control Strategy 界面上进行算法编程	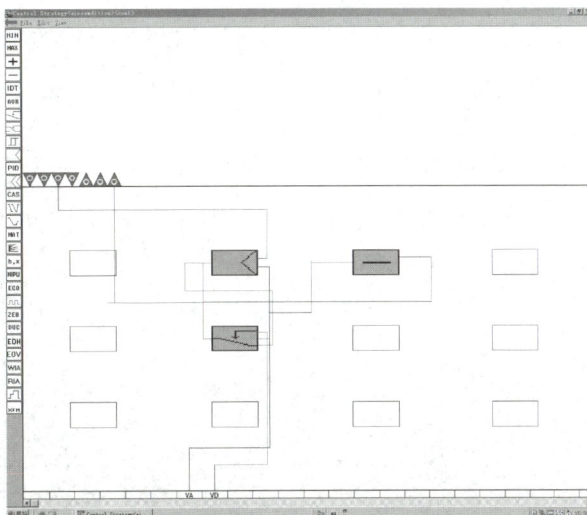
第七步：编译工程	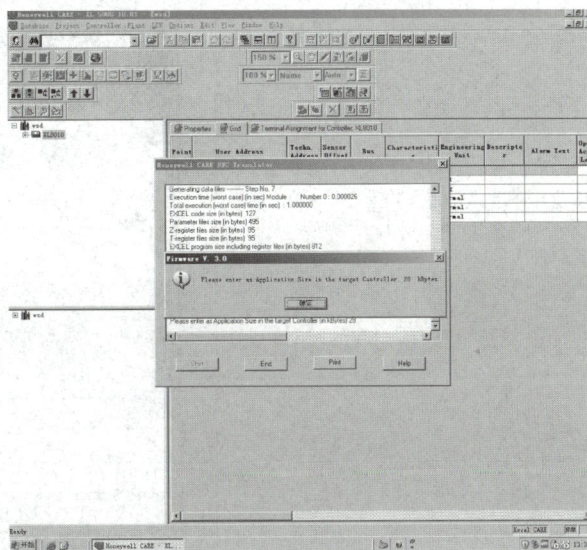
第八步：下载工程	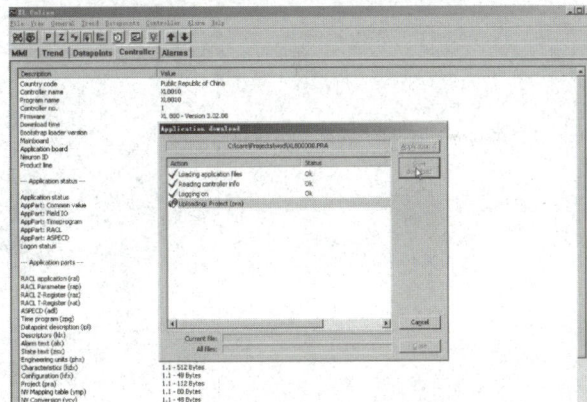

续表

步骤	图示
第九步：进行 Lonworks 通信	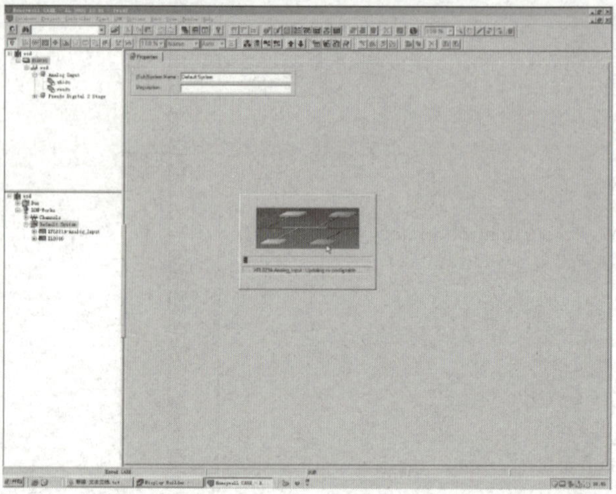
第十步：通过"开始"—"程序"—"Symme-trE"—"Quick Builder"，打开 Quick Builder 配置软件	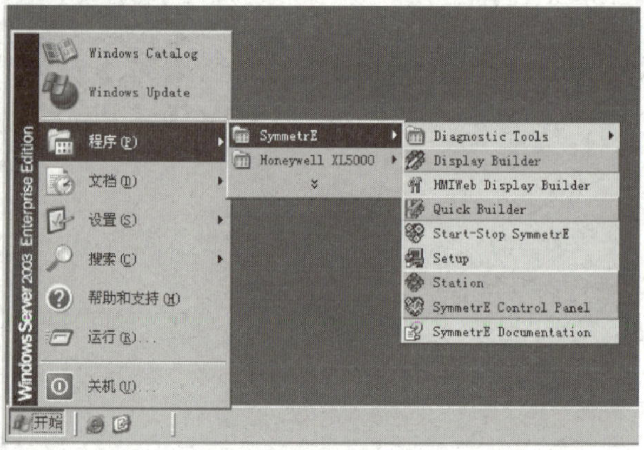
第十一步：在 Quick Builder 软件上，新建工程	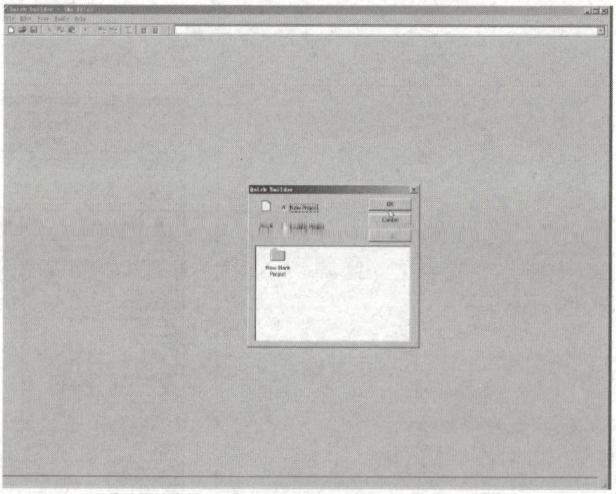

续表

步骤	图示
第十二步：在 Quick Builder 软件上，建立静态站	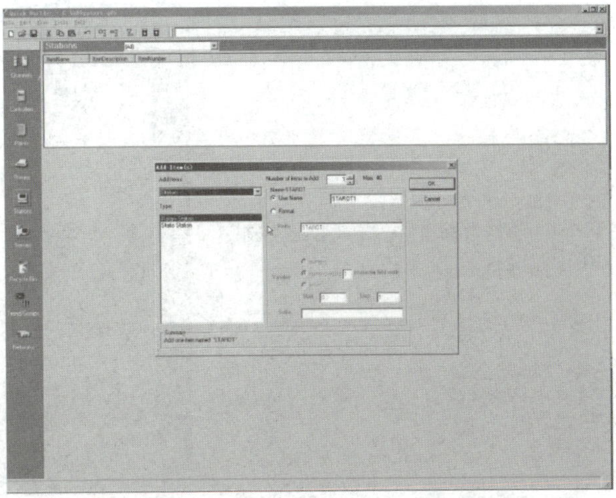
第十三步：在 Quick Builder 软件上，点击"⬛"图标，下载配置数据	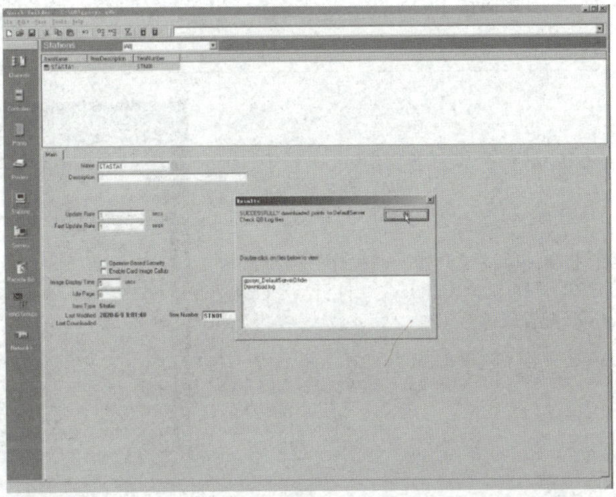
第十四步：在 Quick Builder 软件上，与 DDC 控制器进行通信	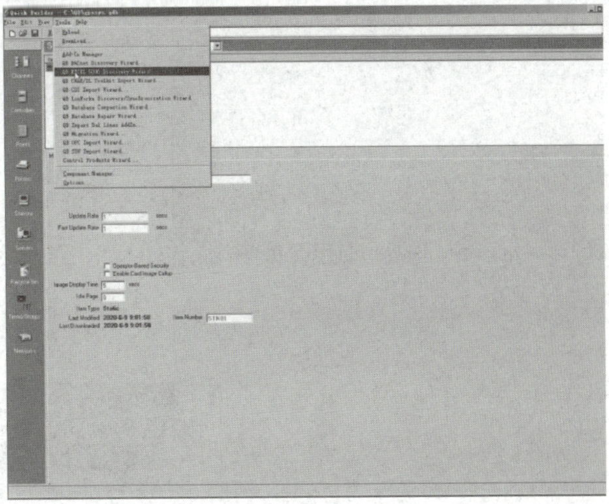

步骤	图示
第十五步：进行数据通信，导入 DDC 控制器中的所有变量	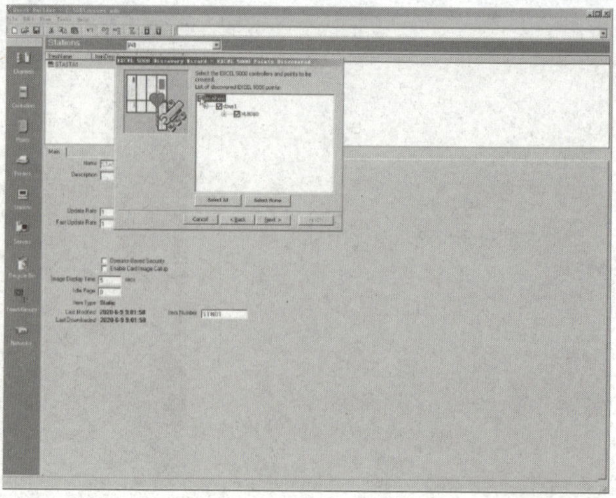
第十六步：按照第十三步的方法，再次下载配置数据	
第十七步：通过"开始"—"程序"—"SymmetrE"—"Display Builder"，打开 Display Builder 配置软件	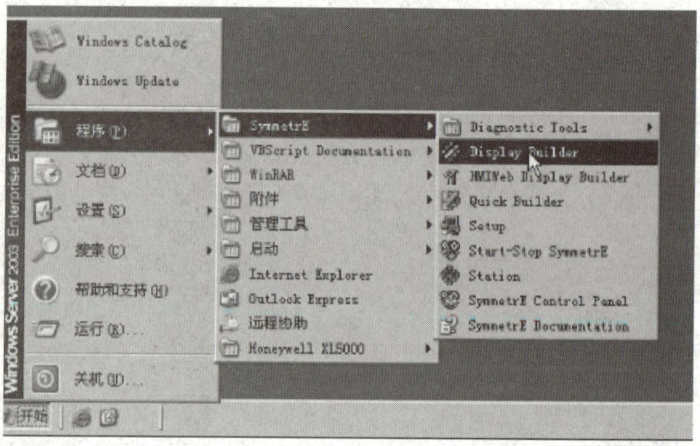
第十八步：用 Display Builder 进行图形组态	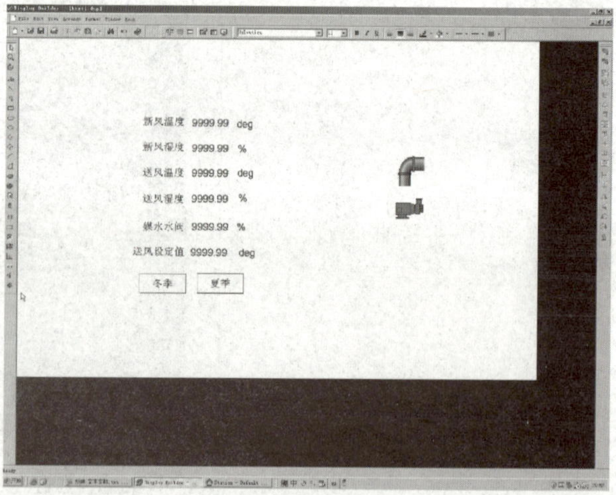

续表

步骤	图示
第十九步：用 Display Builder 进行数据连接	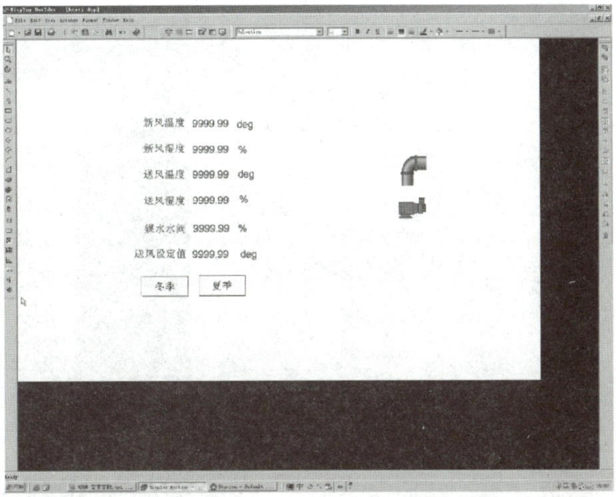
第二十步：保存图形界面	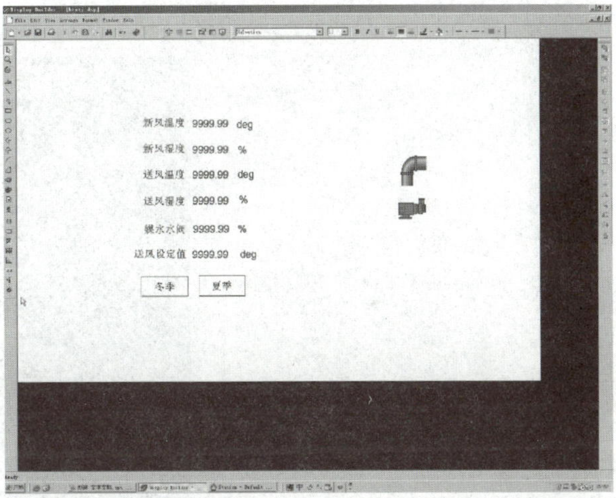
第二十一步：通过"开始"—"程序"—"SymmetrE"—"Station"，打开 Station 软件	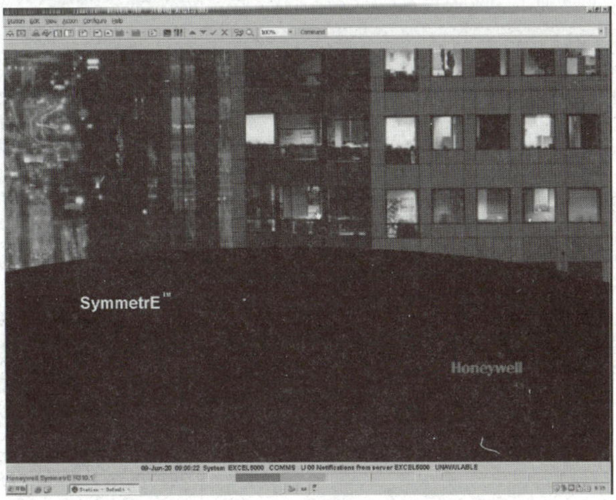

续表

步骤	图示
第二十二步：在 Station 上登录工程师账户	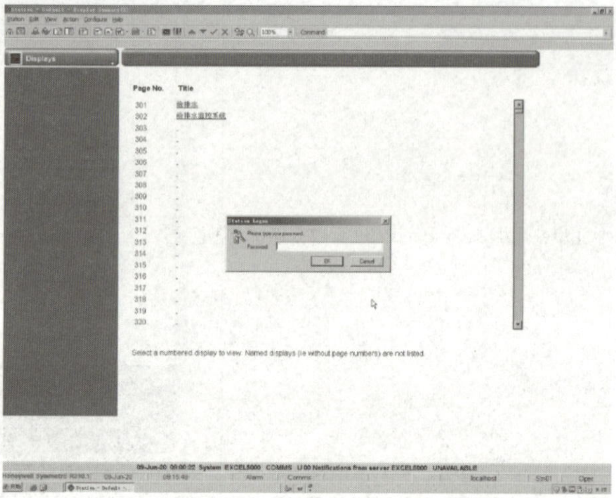
第二十三步：在 Station 软件上打开监控画面	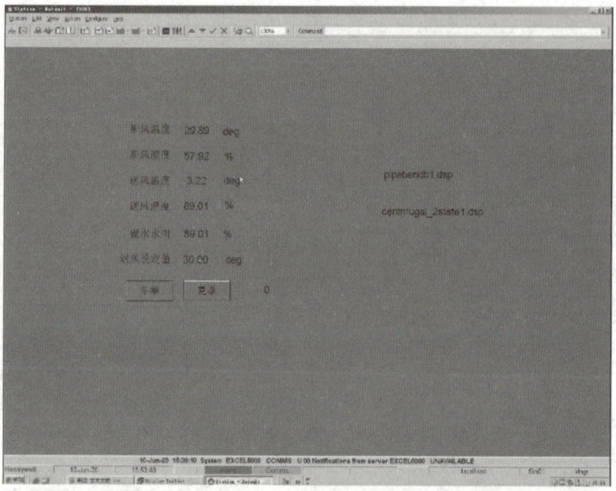
第二十四步：运行虚拟实物对象系统	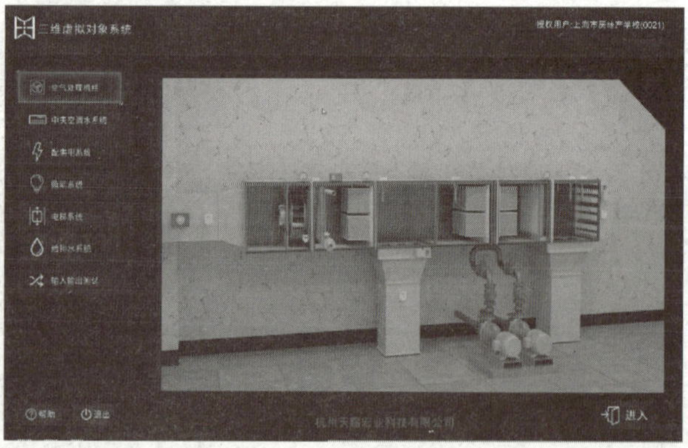

续表

步骤	图示
第二十五步:点击进入空气处理机组对象系统,配置通信参数,启动运行	
第二十六步:根据控制逻辑,通过虚拟对象的操作,验证控制器的程序	

四、总结评价

1. 主题讨论

(1)在本任务实施过程中,如何修改水阀的开合度?

(2)在本任务实施过程中,空气处理系统在冬季和夏季有何区别?

2. 填写评价表

根据 DDC 控制器设置的完成情况,填写评价表 8-4-2。先在所在小组内完成自评和互评,各组再选派一名同学演示,请教师给小组评分。

空气处理系统编程与运行实训评价表 表 8-4-2

评价项目	配分	自评	组内互评	教师评分	总评
DDC 控制器参数设置正确	30				
空气处理系统运行正常	30				
工作态度	10				
安全文明操作	20				
整理场地	10				
合计					

注:总评=自评×50%+组内互评×30%+教师评价×20%。

五、技能训练

某小区第 17 单元,高 14 层,每层有 3 户人家。请你作为一名智能楼宇管理员,通过图 7-1-1 所示的 DDC 控制器,对 17 单元楼的空气处理系统进行参数设置。

参 考 文 献

[1] GZB 4-07-05-03. 国家职业技能标准——智能楼宇管理员 [S]. 2019-01-03.

[2] GB/T37078—2018. 出入口控制系统技术要求 [S]. 2018.

[3] GA/T 74—2017. 安全防范系统通用图形符号 [S]. 2017.

[4] GA/T 1211—2014. 安全防范高清视频监控系统技术要求 [S]. 2014.

[5] GB/T 4327—2008. 消防技术文件用消防设备图形符号 [S]. 2008.

[6] GB 50311—2016. 综合布线系统工程设计规范 [S]. 2016.

[7] GB 50635—2010. 会议电视会场系统工程设计规范 [S]. 2010.

[8] GB 50314—2015. 智能建筑设计标准 [S]. 2015.

[9] 姜大源. 职业教育学研究新论 [M]. 北京：教育科学出版社，2007.

[10] 姜大源. 论高等职业教育课程的系统化设计——关于工作过程系统化课程开发的解读 [J]. 中国高教研究，2009（04）：66-70.

[11] 姜大源. 工作过程系统化：中国特色的现代职业教育课程开发 [J]. 顺德职业技术学院学报，2014，12（03）：1-11＋27.

[12] 李学锋. 基于工作过程系统化的高职课程开发理论与实践 [M]. 北京：高等教育出版社. 2009.

[13] 王用伦，邱秀玲. 智能楼宇技术（第3版）[M]. 北京：人民邮电出版社，2018.

[14] 上海市职业培训研究发展中心组织. 智能楼宇管理师 [M]. 北京：中国劳动社会保障出版社，2009.

[15] 张雪峰，姚允刚，贺双俊. 智能楼宇系统的安装与调试 [M]. 成都：西南交通大学出版社，2020.

[16] 人力资源社会保障部教材办公室. 智能楼宇管理员（四级）（第2版）——1＋X职业技术·职业资格培训教材 [M]. 北京：中国劳动社会保障出版社，2019.

[17] 张位勇. 智能楼宇系统实训教程 [M]. 北京：机械工业出版社，2017.

[18] 曾敏. 综合布线技术 [M]. 北京：中国劳动社会保障出版社，2014.